U0229372

HEALTHY
WEIGHT LOSS

健康减脂

云南科技出版社
·昆明·

刘佳 著

果麦文化　出品

目 录

第三章

科学减肥

第四章

常见问题

序言

不忘初心

　　我是在朋友们的鼓励下写了这本书，因为我觉得自己并不擅长写作，更不擅长用华丽的语言抓人眼球。现在更多的人知道我是因为我作为电影《热辣滚烫》的体能总指导，成功帮助演员完成了角色形象的塑造。对我来说，这只是我多年来专业工作的一部分，但电影的成功和热度，让我看到了原来有那么多人关注运动和健康，渴望得到科学的改变。我觉得将多年的专业学习和工作中总结的经验分享给大家，可以让更多人以健康的生活方式改变自己，这是非常有意义的。

　　我帮助过很多演员和职业运动员朋友，不只是在体重和形体方面，也帮助他们从伤病中康复和提高体能动作表现，但健康生活和形体的管理是大家共同面临的基础问题。大家都不知道，其实我在很小的时候，跟我的一位好朋友彭于晏先生一样，也是一个小胖子！我们都是后期通过运动完成了自己的"逆袭"。我的胖贯穿了整个小学阶段，爱吃不好动，体育成绩也不好，是一个缺乏自信的小孩，甚至11岁时还胖出了脂肪肝和胆结石。中学后，可能是因为男孩子青春期的动力，拼命地通过运动减肥，力求改变自己。那时的我没有什么科学专业的方法，只知道吃苦，跟着各种运动队去训练，还好我是个幸运儿，把运动从不擅长的事生生"啃"成了擅长的事，一年多就完全变了个人，也逐渐地爱上了运动，直至现在。后来我所学的并一直在坚持做的专业，很大程度上也是受了儿时成功改变的影响，我觉得这应该会影响我一生。

10年前刚开始创业时，我就有一个很强烈的夙愿，就是想通过自己的专业能力影响更多人拥有健康的生活方式。健康的生活和科学的运动既然可以带给一个人那么多美好的改变，那么它就值得每一个人拥有。降低肥胖率是一个社会性难题，肥胖本身也是很多影响健康的基础疾病的根源。科技越来越发达，大众的生活条件越来越好，但身体的活动也随之减少，再加上五花八门的美食和娱乐生活层出不穷，大家在享受日新月异的生活的同时，却忽略了运动健康问题。很多人发现肥胖问题的时候，往往都想寻求更简单的"黑科技"，并且现在是网络自媒体盛行的时代，这让很多人碎片化、片面化地获取了错误信息，走进了减脂的误区，在减脂的道路上与科学健康的方法背道而驰。其实减脂和健康管理所需遵循的科学原理并不复杂，它离不开基础的运动健康科学知识，更多地存在于生活的细节中。

一个人最终减脂减重的成功，离不开他整个生活方式的健康改变，其中包括但不仅限于运动方面。

这本书就是从运动、饮食、心理等诸多方面给予大家较全面的健康生活帮助。从健康生活的角度，科学地告诉大家如何看待、如何分析和解决自己的肥胖问题，也结合了目前减脂减重人群普遍性的误区，给予分析和说明。我曾经可以帮助自己完成"逆袭"，可以用专业知识帮助那么多演员和运动员朋友成功改变，也同样希望可以帮助看到这本书的您，通过健康科学的方式找到更好的自己，做到科学减脂，健康生活！

刘佳

塑造身心，成就角色

刘佳教练绝不仅仅是一位运动教练这么简单，他更像是一位帮助人完成身心塑造与成长的导师。他不仅帮助我养成更健康的身体状态和生活习惯，也帮我在面对自己与外界挑战时拥有更强大的能量与底气。

和教练结缘是因为电影拍摄，在他的指导下，我得以在相对短的时间内完成身形上的明显转变以应对不同角色的需求，特别是《热带往事》和《紧急救援》这两部戏中角色外形有巨大反差，需要在一个月的时间内调适完成，那段时间真的有赖于刘佳教练的专业指导。

和别的教练不一样的是，刘佳教练会按照我的身体条件、饮食习惯、生活作息和角色需求来为我量身定制运动及饮食计划。我提出的想法或要求，刘教练都能通过科学和专业的方法一一达成。为了《热带往事》中王学明这个角色，我需要减重15～16千克，教练通过健康合理的素食安排以及相应的训练方式，帮我在短时间内达成了电影所需的角色形态。剧组每天拍摄时间比较长，教练除了帮我规划碎片时间的训练和健康饮食之外，更重要的是他会帮助我进行心理上的调节和疏导，也会根据通告时间灵活调整计划，而不是一味地去追求某种恒定的目标，这让整个过程能够在一个相对轻松的状态下完成，也让我相信一名好的教练一定对心理学颇有研究。

刘佳教练常常会在相对枯燥的体能训练中穿插一些活动项目，让锻炼的方式更加多元化，也让我们在有趣味的活动中不知不觉地得到训练或者放松。不管是篮球还是跑步，和刘教练共同度过的训练，好像没那么辛苦，也许他是个太好的心灵理疗师吧！他让我知道，比起减重、塑形、增肌这些明确却枯燥的目标，完成这个目标的人的心态才是更重要的。除了对身体状态的塑造之外，运动完全可以在心灵和精神层面赋予一个人强大的力量。今天做不到的事，明天继续努力，失败不要紧，重要的是如何面对失败，克服困难，直至找到下一个新的自己。当我在运动的过程中获得更多能量的时候，我也更加相信自己有勇气面对生活上的困境。刘佳教练的指导看起来是为了某一个项目或角色，但我的受益是长期的，因为背后的逻辑是共通的，往后的日子修行在个人。

很多事情都急不得，运动就是其中一件，但它可能也是这世界上为数不多的只要努力和坚持就一定能看到成果的事情。谁也不是用一天的时间成为今天的自己，我们都一样。一步一步慢慢来，就好像彩椒虽好，但也不宜多吃。

彭于晏

会"PUA"的刘教练

在身边哥们里，如果说一个最让我"烦"的，非刘佳莫属了。

他控制我的饮食，这个不让碰，那个让少吃；偶尔睡个懒觉也被他电话吵醒，催着我去做体能训练。有时我会想，都已经退役了，还找个如此严苛的体能教练盯着自己，真是自讨苦吃。

我和刘佳认识是因为篮球。退役后我经营了一家自己的篮球馆，打磨出自己的一套篮球训练体系，顺便也组建了自己的业余篮球队"72Changes"。刘佳是李响推荐进来的，他打球初一看不起眼，但简练而扎实，关键是管用，跟他的那套体能训练体系一样，这一点谁用谁知道。

相较于做运动员时，退役后的工作和生活自然有了很大的转变。首先是平常的运动，远没有做运动员时的强度和规律，更没有标配的体能训练和康复。其次生活饮食方面也会更加随意。做运动员时从来不需要自己考虑吃什么，都有着标准化的营养配餐。这种生活状态的改变，伴随年龄的增大，使得身体在不知不觉中发生了一些变化。一个最明显的例子就是一些以前在球场上可以轻松完成的动作变得不那么轻松了。

于是我就找刘佳聊这事，想让他帮我进行规律化的体能康复训练。他也比较熟悉我的生活方式和身体状况，马上给我制订出一套完备的身体训练计划，并辅以合理的饮食管理。训练的内容在这里我自不必多说，大家看这本书就够了。刘教练的文字，并没有华丽的语言和艰涩的专业术语，书中所述都是大众在健康减脂过程中最需要了解的知识，以及应该避免的误区。有一点我是明白的，针对不同人还需要个性化的定制。

跟着刘教练训练没多久，我的身体状况就有了不小的改善，显性指标体脂率下降得很快。特别重要的一点是，随着时间的推移，身体的变化越来越明显。现在的我在球场上跑跳更从容，球队的队友都开玩笑说，我应该回到职业赛场。

在我们一起训练的时间里，我发现一个有意思的点，平常内敛少言的刘佳，在指导训练的时候，太能说了。每当我的训练有一些成果时，刘佳都会鼓励说我的身体天赋太好，随便练练就这么大变化。就这样，在他的持续"PUA"下，进行运动健康管理，成了我生活中不可或缺的一部分。

孙悦

我健康生活的"秘密武器"

　　作为演员，我和太太常被问到这样的问题："你们演员都是如何保持身材的，有什么秘密武器吗？"其实面对健身减肥这件事，大家要做的都一样，没有捷径可走。自己的每一滴汗水，每一点付出，都会诚实地体现在身体上。但如果想在这条路上走得更顺畅，没有负担，那了解自己，并建立一套合理、科学、健康的锻炼理念和训练逻辑，是首先应该思考的事情。恰恰是刘佳帮我们建立了这套体系。这么看来，刘佳应该就是我们的"秘密武器"吧！

　　我和刘佳认识 10 年来，他大概是我除了家人和同事之外，见面频次最高的人。之所以如此频繁地见面，一方面是自身健康的需求，因为我和大家一样，都期望时刻保持一个良好的身体和精神状态来面对自己的生活和工作；另一方面是工作的需要，工作期间作息和饮食的不规律是常态，有些角色的塑造也需要体态上的变化来丰富人物性格。在他潜移默化的影响下，我逐渐建立起对于健康和锻炼的新认知。可以说，他改变了我的生活，无论是饮食、休息还是训练。

当然，如果仅仅是我的改变，并不能说明什么。但这些年，我也看着他通过他的专业、经验和耐心，改变了许许多多人的生活。所以我相信，当你读到这本书，它也会让你的生活发生一些有趣的变化。我也希望刘佳除了是我们的"秘密武器"外，也可以成为大家的"秘密武器"。

袁弘

科学的改变，重新爱上自己

在我孩子 3 岁前我没打算拍戏，只想有更多时间能陪伴孩子，在自己身上没有保留一点专注力，完全放下了那个"我"，所以变胖是非常自然的事。自从孩子上幼儿园以后，我有了很多自己的时间，在自己身上开始逐渐找到专注力。第一件事就是减肥。很多人问我："你是怎么瘦下来的？"我非常幸运，在我决定重塑自我的时候，遇到了刘佳，他给了我全新的运动理念。通过科学的运动方法和饮食方案，让我先前对运动的刻板印象一步步改变，开始爱上运动，爱上围度一点点缩小的自己，爱上那个有线条的健康的自己，爱上那个今天运动了才满足的自己。

瘦，不一定是运动的终极目的，但科学的运动方法一定会让你有尊严地瘦下来。它体现在方方面面，包括身材的改变、自信心的增强、一切正常的体检报告、睡眠质量的变好、心情舒畅以及有节律的生活习惯养成等全面提升！

刘佳，我们都管他叫佳哥，在任何你需要得到健康的时候都可以出现，只要你需要。他不仅仅改变了我的身材，还改变了我的生活方式。他是我生活中一个健康快乐的好搭子。

张歆艺

肥胖的危害

第一章

身体健康风险

这一类人是最危险的胖子！

肥胖对身体健康的影响是全面而深远的。首先，肥胖本身就是一种疾病状态，并且它是许多基础病和慢性病的潜在诱因。在医学上，BMI（身体质量指数）是判断一个人是否肥胖的常用标准。BMI值的计算公式是体重（千克）除以身高（米）的平方。一般而言，BMI值大于或等于28就被视为肥胖。然而，除了用BMI值衡量一个人是否肥胖之外，体脂率也是判断肥胖的一个重要指标。需要注意的是，体脂率能够更直观地反映一个人的体形是否健康，区分健壮型超重和脂肪堆积型超重，后者涉及不健康的体重增加，而前者可能是由于肌肉量增多。了解这些区别对于制订健康管理计划和干预措施至关重要。

对20～50岁的成年人来说，这些数值是衡量自己是否肥

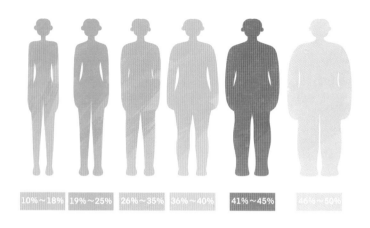

| 10%~18% | 19%~25% | 26%~35% | 36%~40% | 41%~45% | 46%~50% |

胖的参考。大体上，如果女性的体脂率超过28%，她们可能被认为是轻度肥胖；当体脂率超过33%，则被认为是肥胖。对男性而言，随着年龄的增长，体脂率通常会升高。男性体脂率超过20%一般被认为是轻度肥胖，而超过25%可能影响健康。通常情况下，当男性体脂率超过25%，女性超过33%时，他们就属于肥胖，且出现健康问题的风险也会显著增加。

此外，内脏脂肪也是一个值得关注的重要健康指标。内脏脂肪的堆积与身体代谢活动密切相关，因此内脏脂肪过高对健康非常有害。有些人虽外表不显胖，皮下脂肪正常，但内脏脂肪率高，这在长期饮酒者中尤为常见，他们可能面临脂肪肝、脾胃失调等问题。内脏脂肪型肥胖比外表明显的肥胖更为危险，常表现为四肢瘦小、腹部突出，这类人群患肝胃疾病的风险较高。

肥胖还与各种疾病的发生率有关，有些慢性疾病会对个人的生活质量产生极大影响。如"三高"：高血压、高血脂和高血糖，这些状况可能导致内脏器官功能减退。例如，脂肪肝是一种可能由肥胖引起的健康问题，可能导致肝功能异常和某些体检指标异常。这些问题往往与不健康的生活习惯有关，如不规律的作息和不平衡的饮食。长期这样可能导致身体的代谢压力增大，尤其是对肝脏和肾脏等器官。因此，维持健康的生活方式对预防这些问题至关重要，包括合理饮食、适量运动和充足且规律的睡眠，这些都有助于保持身体的代谢健康和器官功能正常。

血压的波动可能与心血管功能或情绪状态有关，经常感到焦虑可能导致较高的血压水平。通常来说，血压的高低主要参考舒张压（低压）的数值。那些经常进行心肺锻炼的人，由于有较强的心肺功能和正常或偏低的血脂，血压可能相对偏低，这是正常现象。在医学上判断高血压症，需要考虑舒张压是否持续超过 95 毫米汞柱（毫米汞柱为非法定计量单位，1 毫米汞柱 =133.322 帕。全书特此说明）。如果短期内舒张压超过这个数值，可能只是一时的，但如果长时间保持在这个水平，通常与高血压的症状有较强的相关性。在这种情况下，建议去医院进行详细检查。

同时，血脂和血压之间存在正比关系，高血脂的人群通常也会有较高的血压。血糖水平是胰岛功能是否正常的一个指标，当身体在糖分利用上出现问题时，说明激素水平可能存在异常，高血糖通常与肥胖程度呈正相关。血液中的高脂肪含量会阻碍血液循环速度，可能进一步导致心脑血管硬化等问题。血液循环又是身体营养物质的输送系统，所以这些问题都与血压和血液中的脂肪含量有很大关系。

这种"富贵"千万不能要!

以上是代谢系统出了问题，与此同时，肥胖也会对消化系统产生显著影响。不均衡的饮食习惯可能导致消化不良和肠胃问题。在一日三餐中，如果高脂肪的食物摄入过多，加之膳食纤维不足，长时间处于这种饮食结构可能导致消化系统的负担加重。随着现代生活压力的增大，不健康的生活方式变得更为普遍，这可能提前引发如息肉、肠胃疾病等问题。因此，医生通常建议成年人在40岁以后定期进行胃肠镜检查，以便及早发现问题并采取治疗措施。因为胃肠道的肿瘤被发现时基本已经到了晚期，且发病之前没有任何征兆。

体重的增加对呼吸系统也有负面影响。肥胖的个体可能需要比常人更多的氧气，这会增加呼吸系统的负荷，这就像是一个人背负额外重量行走一样，对身体造成更大的压力。与那些经常进行锻炼的人相比，肥胖人群可能在没有增加肌肉力量的情况下，就需要额外的氧气供应。尽管在一些情况下，二者可能都需要更多氧气，但肥胖人群的器官功能可能不足以适应这种需求，从而可能导致呼吸不适和低通气量综合征，尤其是在不需要高海拔适应的正常环境下。

肥胖还会加大罹患淋巴系统疾病的风险，这是负责清除体内废物的重要系统。例如，女性肥胖可能增加乳腺淋巴瘤的风险。同时，体重的增加也会对骨关节造成额外压力，加速关节的退化。此外，我们日常生活中一些不易察觉的细节也值得注意，例如，长时间使用屏幕设备，如手机，可能导致某些问题。以"富贵包"为例，它并非仅仅出现在体重过重的个体上，即便是体形匀称的人也可能由于局部脂肪的过度堆积而出现这一情况。长时间低头操作电子设备可能导致生理机能的改变，进而影响身体健康。

上述情况都说明维持健康体重的重要性。为了有效地管理身体和降低肥胖带来的健康风险，我们需要持久的科学运动和整体健康生活方式的持续，并采取一些措施：均衡的饮食计划，限制过多的热量、糖和脂肪食物的摄入，同时增加蔬菜、水果、全谷物和优质蛋白质的摄入；结合科学的训练，增加身体活动量，提升身体代谢率；通过体检监测身体健康指标，如血压、血糖、胆固醇和体脂率等，及时发现并处理相关健康问题；了解健康饮食和运动的重要性，以及肥胖对健康带来的风险。

遗传基因风险

　　遗传风险是身体健康领域中值得关注的一方面，它通常可以分为生育前、生育期间和生育后三个阶段进行考量。在遗传风险的考量中，了解家族历史和基因背景对预防和管理健康问题至关重要。虽然我们无法改变遗传基因，但通过控制环境和生活方式等因素，可在一定程度上减轻遗传风险带来的影响。

　　首先是在生育之前，肥胖会带来生殖系统上的问题，如女性的受孕率会降低，男性的睾酮激素会降低。性激素水平在人的一生中自然波动，从青春期的成熟发展到中老年时期的逐步减少。幼年时期性激素较少，等到了成年时生理周期逐渐成熟，男女开始有别。随着衰老，性激素水平自然衰退，男女外观上的界限也会变得模糊。肥胖对生殖健康的影响并不仅仅限于生育能力的降低，还可能影响到激素平衡和月经周期的规律性。保持健康的体重不仅有助于使激素水平更加稳定，还可以降低患多囊卵巢综合征等疾病的风险。因此，对于计划怀孕的夫妇，提前进行体重管理和健康检查尤为重要。

其次，在生育期间，母亲的体重和健康状况不仅影响自身，还直接关系到胎儿的发育。肥胖会增加妊娠糖尿病、妊娠高血压和早产等风险。同时，孕期母亲的饮食习惯和营养状况也会影响胎儿的长期健康，包括他们未来的体重。怀孕期间，适当的体重管理对于母亲和宝宝的健康同样至关重要。即使肥胖女性受孕成功，孕期得产妇综合并发症的概率也会远高于正常女性。除了生理因素，还有心理因素，如高血压、冠心病、焦虑症等，这些问题的产生大多是由于孕妇的体内激素水平不稳定。女性从受孕开始到怀孕生产期间，生理激素水平的变化导致了各种问题产生。与此同时，肥胖的孕妇会危害胎儿的健康，也会较常人更难生产。

你以为减肥只是你一个人的事吗？

在生育后，父母的体重和生活方式仍然对孩子有着重要的影响。除了遗传因素，家庭环境、饮食习惯和活动水平对孩子的健康和体重都有深远的影响。父母的行为模式会为孩子树立模板，这些行为模式包括对食物的选择、饮食习惯、体育活动的积极参与以及对健康生活方式的态度。至于孩子未来的体重，父母的健康状况确实会对孩子产生一定的影响。如果父母中有一方体重超标，孩子将来体重超标的可能性确实会增加，约为50%的可能性；若父母双方都有过度肥胖，小孩肥胖的概率可能在80%到90%。然而，这种影响不仅仅是遗传因素的直接作用，更多的是家庭环境和生活方式的影响。如果一起生活的父母都肥胖，那么孩子从小对运动和健康饮食的认知都会较正常人少很多，未来变得不健康的概率更大。然而，不用过多担心，健康的饮食习惯和适当的体育活动是可以在家庭中培养的，这对孩子的长期健康和体重管理都有积极作用。

因此，对想要降低下一代肥胖风险的家庭来说，一起努力改变可能是更有效的方式。不仅要考虑遗传因素，还需要重视家庭的整体健康生活方式。通过共同制订健康的饮食计划和积极参与体育活动，全家人不仅可以一起享受减重的成果，还能够增强家庭的凝聚力，共同享受健康生活带来的乐趣。这样的共同努力也会提高减重的成功率，并可能为家庭成员树立健康的榜样，减少未来一代的肥胖风险。

心理问题

司美格鲁肽不能随便打！

　　肥胖会带来很直接的心理问题，包括自我认知和社会接受度方面的挑战。个人可能感受到不确定性和缺乏自信，长期下来，这些感受可能影响社交能力和社会参与度，甚至可能导致人际关系紧张和职业发展的障碍，进而对个人的自尊和自我价值感造成影响。很多人用来缓解情绪的方式是暴饮暴食，从而在生活方式上形成了恶性循环。

　　虽然现代社会中的某些审美标准和偏见也很有可能加剧这些问题，但我们可以积极寻找健康的生活方式，以促进身心健康。与此同时，肥胖对生理激素的影响也会导致心理问题的产生，甲状腺激素会直接影响到一个人的情绪状况。另外，肥胖或许也会导致抑郁的发病率更高，且抗抑郁类的药物通常又含有激素，可能让人在短时间内持续变胖。社会压力和对社会认可的需求可能导致焦虑和抑郁的情绪，尤其在肥胖人群中，这些情绪问题的发生率会比正常体重人群更高。我们也需要正视社会对肥胖的偏见和歧视，帮助每个人都能以积极健康的方式关爱自己的身体。

治疗某些症状所用的药物，可能对体重产生影响，但使用这些药物的目的是帮助患者恢复正常的生理功能。激素类药物有不同种类，不同的激素会让人变胖或者变瘦。如甲亢的人是甲状腺激素水平过高，基本特征是胃口较大，怎么吃都不胖。如果一个人健康饮食的同时还保持规律的运动，但依旧瘦不下来，那么，可以去医院检查一下甲状腺激素水平是否出了问题。诸如司美格鲁肽这样的药物，虽然最初是为了治疗糖尿病而研发的，1型和2型糖尿病都可以使用这个药物，以便于控制血糖水平。现在在医生的指导下也被用来帮助体重管理，但切记需要在医嘱下进行使用。

在现代社会中，许多人面临着相当大的压力，这些压力可能来自工作、个人关系或社会期望。不幸的是，当人们感到被社会或自我认可不足时，这些压力可能导致焦虑和抑郁等心理问题的出现。长期的焦虑状态有可能演变为抑郁症，这是一个我们需要认真对待的现象。虽然肥胖人群中抑郁症的发生率较高，但这并不意味着所有肥胖者都会遭遇心理困扰。肥胖是一个复杂的现象，它的成因可能包括遗传、身体健康、环境和生活习惯等多种因素。因此，我们应该避免简单地将肥胖与心理问题画上等号。对于那些因为体重问题而感受到心理压力的人，了解和解决这些问题是非常重要的。专业的心理咨询可以帮助个体建立起更加积极的自我形象和提高自信。

只要运动了就算是在减肥吗？

对那些正在努力减肥的人来说，改变生活方式是一个综合过程，建议从小的改变做起，其中心态调整是非常关键的一步。接纳自己当前的状态，保持对未来积极的展望是重要的开始。在着手进行体育运动之前，调整饮食习惯和日常生活模式也同样重要。如果不先改善生活方式，即便是进入健身房，也可能不会取得预期的效果，一个健康的生活方式将为成功的体重管理打下坚实的基础。

在决定改变生活方式后，科学的运动可以成为这个过程的一个支持因素。但需要记住，运动并不是减肥的唯一或最重要的方面，它应该与健康的饮食习惯和积极的生活态度相结合。要保持健康，我们需要确保每天的每个时刻都做出对身体有益的选择，从而建立起一个积极且可持续的生活模式。这种全面的方法将使健康的减重成为可能，并带来长期的健康效益。运动是减重环节中重要的一部分，有利于建立起一个良性的可持续的循环方式。在这种弹性生活下，减重才是有效的。这样的小改变，在长期坚持下，会对体重管理和整体健康产生显著的正面影响。

每个人的身体都是独一无二的，有效的体重管理方案也应该是个性化的。通过寻找合适的资源和专业指导，每个人都可以找到适合自己的健康之路。运动对个体有多方面益处，包括性格上的积极改变。肥胖个体可能在情绪调节上面临挑战，常见的特征包括拖延、焦虑、懒惰、社交恐惧和自信不足等。这些特点可能与肥胖的生理状态有关，导致个体在情绪上更倾向于悲观。健康生活方式形成的过程将促进快乐激素的分泌，产生短暂的生理效应。长期而言，任务完成的过程对个体造成积极的影响，且随着时间的推移，其结果亦逐步显示出改善的迹象。随着个体逐渐意识到自己的进步，情绪管理也将相应得到优化，进而在多个层面增强自信心。这一过程形成了正反馈机制，增强了成就感。在这个过程中，支持系统的作用不容忽视，家人、朋友以及医疗健康专业人士的支持对于保持动力和克服挑战也都至关重要。

第二章

减肥前需先"找到"肥胖原因

遗传因素

有遗传性肥胖还能瘦吗?

当一个人意识到体重可能对健康产生负面影响时,他们开始探索肥胖的成因,这是积极的第一步。通过深入了解自己体重问题背后的各种因素,可以帮助他们更有效地制订出减脂计划。

首先,我们不得不提到遗传因素在体重管理中的影响。通常,我们可以从自己的周边环境开始观察,比如,与自己生活在一起的人是否也有肥胖问题。观察自己的家族史,看看自己的父母或其他亲属是否也有超重的情况,同时反思自己的成长过程,思考自己是否从小就有体重过重和诸多不健康生活方式的问题。这些因素都与减肥方式息息相关。即使有遗传因素的存在,个人的生活习惯和环境也在体重管理中起着至关重要的作用。如果一个人的父母并不胖,或者自己从小并非肥胖,而是在成长过程中逐渐发胖，那么很可能是后期的生活方式出了问题。

　　生活习惯是遗传的一部分，一个人在年轻时可能会很大程度上受到基因的影响，但并不会发胖。如果继续维持不健康的生活方式，随着年龄增长体重可能逐渐增加。这是一个人生理规律所导致的必然现象。因此，对于这种情况，最重要的是改变生活方式。通过对自己的日常生活进行认真反思，个人可以识别出哪些习惯在他的体重问题中起到了作用，并着手制订改变计划。

　　生活方式包含了许多方面，如作息、睡眠和饮食。一个人可能继承了家庭中的某些生活习惯，但这并不意味着无法改变。即使遗传因素对体重有影响，人们仍然可以通过改变自身的生活方式来实现积极的身体变化。重要的是不要因遗传倾向而否定自己的努力。基因虽然会影响体重，但它并不是命运的主宰者。我们每个人都有能力通过改变生活习惯来改善自己的健康状况。内心的信念是相信自己能够做出改变，这对于成功减脂至关重要。

　　其次，我们必须认识到，减肥并不总是一条直线，可能有起伏和挑战，因此建立一个支持性的环境也很重要。与家人和朋友分享目标，寻求他们的支持和鼓励可以帮助增强决心和持久性。如果有可能的话，与家人一起改变生活方式也是一个好主意。这样做不仅可以在家庭内部建立支持系统，还可以营造一个更有利于健康的环境。当整个家庭都致力于健康饮食和科学的体育活动时，每个人都更有可能取得减脂以及整体健康上的成功。

好心态和理性认知，才是一个良性的开始

心理上的挑战往往是最难以克服的。因此，在开始体重管理之旅时，首先要克服内在的障碍，积极调整心态，并且对自己持有信心和耐心。这种内在的积极变化将是任何健康计划成功的基础。其次，对那些希望减肥的人来说，选择适合自己的运动方式是一个积极的步骤。在选择运动方式时，选择自己喜欢的活动至关重要，因为这会增加长期坚持的可能性。耐力运动、力量训练、高强度间歇训练（HIIT）以及其他形式的活动都可以帮助提高新陈代谢率并提高肌肉质量，从而有助于减肥。无论是参与耐力训练如马拉松，还是进行力量训练，只要配合合理的饮食，都可以帮助达到减脂的目标。

重要的是根据自己的身体条件和期望的结果来选择运动和饮食计划。如果一个人饮食丰富却不增重，这暗示着身体的某些功能可能需要关注，例如，甲状腺功能或消化系统的健康状况。摄入得越多越容易胖，多余能量转化为体内脂肪，这反而可能是身体代谢正常运作的一个迹象。通过适当的锻炼和生活方式的改变，假如身体能够逐渐恢复到理想的体重，那么这显示了身体具有强大的自我调节和代谢能力，在运动方面或许也有一些天赋。

减肥过程中的挑战通常可以分为三方面。第一，自我控制是一个挑战，理解减肥的原理是简单的，但实际上要说服自己

并且坚持实践这些原理需要极大的自制力。第二，知识来源的多样性和复杂性可能导致信息的混乱。为避免信息的碎片化，获取和运用正确的知识是关键。第三，要在现代忙碌的生活中找到时间和空间来维持一个健康的生活方式，这本身就是一个社会性的挑战。克服这三个难点是相辅相成的，第一个难点在于个人因素，第二个难点在于需要理性分析以获取正确的知识，第三个难点在于保持健康平衡的生活状态。

社会问题也因人而异，总的来说，保持天平的平衡即可。对于那些在特定社交场合需要摄入高热量食物的情况，可以采取一些策略来减少可能的负面影响。例如，在饮酒时，可以选择多喝水以帮助加快酒精的代谢。在饮食上，尽可能选择健康的食物，并在随后的日子里通过选择更清淡的饮食和进行适度的运动来帮助身体恢复平衡。

要成功地实现健康的改变，首先，要认真考虑自己喜欢的运动，了解个人肥胖的原因、身体状况、体重变化的历史以及家族成员中的体重变化趋势。其次，通过这些信息，可以有针对性地制订个性化的减肥计划，进行合理的调整以适应个人的需要以达到既定的目标。总之，保持平衡和持之以恒是实现健康减肥目标的关键。

后天不健康生活

别饿着，但也别饱着

睡眠是修复身体和心灵的一个自然过程，对我们的健康和生活质量有着重要的影响。睡眠由两个基本要素构成：睡眠时间和睡眠质量。这两者都是健康睡眠的重要组成部分，他们共同决定了我们是否能够在睡眠中得到充分的休息和恢复。

首先，我们来看睡眠时间。睡眠时间可以细分为总时长和睡眠周期。从总时长而言，因为每个人的身体状况和体质不一样，所以需求都是独特的。对于大多数成年人来说，理想的睡眠时间通常在每晚 7 ~ 8 小时，这个范围因人而异。青少年和儿童由于正处于成长发育阶段，他们的代谢水平和生长激素水平意味着他们对睡眠的需求可能更高一些。因此，我们需要根据自己的身体状况和需求来确定合适的睡眠时间。

另一个问题是睡眠质量，它与睡眠周期息息相关。睡眠周期是指睡眠的规律性和持续性。有时睡眠时长足够，但睡眠的时间段不恰当，例如，从深夜睡到中午，这可能打乱身体的自然生物钟，影响我们的整体健康。中医学中提到的子时，在晚上 11 点到凌晨 1 点，被视为最佳的休息时刻。这段时间被认为是身体进行自我修复和再生的关键时段。如果错过了，即便之后补充睡眠，身体的某些功能也可能无法得到真正的休息调整，从而可能影响到脾胃等器官的健康。因此，建立一个良好的作息习惯对于维持身体和精神的健康至关重要。

其次，除了睡眠外，饮食也对我们的生活质量有着深远的影响。在中国的传统文化中，晚餐往往是一天中最重要的一餐，这部分受家庭和地域习惯的影响。然而，现代生活的快节奏有时会导致我们忽视早餐的重要性，仓促就餐并轻视其中的营养素。早餐是开启新一天的基石，应当给予足够的重视。

一个均衡的饮食建议：早餐丰盛，晚餐简单。即使早晨时间紧迫，也可以选择一些营养密度高、易于准备的食物确保能量和营养的摄入。早晨是身体代谢活跃的时候，如一年之计在于春一样，合理地摄入碳水化合物可以帮助我们为一天提供能量。随着时间的推移，午餐可以稍微减少碳水化合物的摄入，晚餐则是日落而息，应进一步降低以适应身体的代谢节奏，这有助于我们身体的休息。如果在代谢能力最弱的时候，给予内脏器官最大的代谢负担，那么，人体就无法消化和代谢。

另一个基本的饮食原则是别饿着，但也不要饱着。合理的饮食原则是关键，适量是其中的核心。适量进食意味着每餐结束时我们应该感到满足，每一餐吃到七八分饱即可，不能过饱。这样可以避免饥饿感过强时做出过度饮食的决策，也能防止血糖波动过大。饿分为两种，一种是生理需求，另一种是心理需求，许多时候，我们感到的饥饿可能是出于习惯或情绪，而不是真正的生理需求。

　　若睡前感到饥饿，建议避免进食。需区分生理性饥饿与心理性饥饿，考虑是否晚餐摄入不足或营养成分过于简单。另一情况是晚餐食量减少，但晚间运动量增加。能量不足可引发生理性饥饿反应，此乃生理与心理双重反应，涉及睡前食欲、血糖调节能力，与胰岛功能及激素相关，可能导致焦虑。

　　对于心理层面的渴望大吃一顿，建议改为通过睡前放松运动来缓解心理压力。例如，进行伸展性运动、慢速核心控制练习以及呼吸训练调整，这样有助于身心放松并帮助身体舒展。加强促进血液循环的训练也对睡眠有益。

　　肥胖反映了身体的调节失衡，这是不健康的表现。尤其是现代年轻人，常常被情绪主导，导致情绪不稳定。一个人的情绪无疑会影响激素水平和代谢，形成一个循环。

"16+8"到底要怎么做？

　　综上所述，睡眠和饮食对我们的健康和生活质量有着重要的影响。我们需要关注自己的睡眠时间和睡眠质量，并建立良好的作息习惯。此外，我们还需要关注自己的饮食习惯，确保摄入足够的营养和能量。通过合理饮食和充足睡眠，我们可以保持身体代谢健康，提高生活质量。了解到身体对糖分的需求与对甜食的欲望之间的区别，我们可以更加有意识地进行饮食管理。在晚上睡觉前保持轻微的饥饿感而非饱腹感，通常能够帮助我们获得更好的睡眠质量，减轻肠胃负担，不会带来身体上的不适。过分饱腹会使消化系统在夜间过度劳累，可能导致睡眠障碍和消化不良。

经常被提倡的少食多餐是一种可以适应个人生活习惯的饮食方式。关键在于平衡每一餐的食物摄入量，并确保整体的摄入量不超过身体的代谢需要。对那些选择少食多餐的人来说，重要的是要控制每一小餐的分量，并在不同的加餐时刻选择合适的营养素组合，这样既可以保持能量水平的稳定，同时也能确保营养均衡。有的人对少食多餐有所误解，在行动上做到了多餐，却没有实现少食，反而增加了一天的食物摄入量。

通常情况下，早餐中可以摄入丰富的蛋白质和碳水。在营养均衡的情况下，正餐可以按照正常食物配比摄入。但如果一个人在进行少食多餐的饮食，那么早餐不能一下吃很多，因为早餐之后还有一餐加餐。所以建议早餐以碳水为主，占比在70%左右，并补充一些蛋白质。早餐和午餐之间的加餐可以摄入水果，以补充维生素和膳食纤维。午餐时以适量碳水和蛋白质为主。下午的加餐补充乳制品，比如，健康的酸奶搭配谷物类麦片和水果，晚餐则以蔬菜类膳食纤维和蛋白质为主。这样摄入的食物种类可以更加丰富。

至于间歇性饮食，可以把它作为一种健康生活方式，许多人发现它能有效地帮助他们管理体重和改善健康。16 小时禁食 +8 小时进食是其中一种流行的模式，但并不是每个人都适合严格遵守这一模式。根据个人的身体状况、日常活动量以及作息时间，适当调整禁食和进食的时间窗口，比如 14 小时禁食+10小时进食，或15小时禁食+9小时进食，可能更加合适。关键是找到适合自己的模式，让身体有充分的时间进行食物代谢，同时确保能量的充足和身体的健康。

无论是适量进食、少食多餐还是间歇性禁食，重要的是要"倾听"自己的身体，找到最适合自己的饮食习惯，并且保持营养均衡、摄入多样化的健康食物。这样的饮食习惯有助于维持健康稳定的体重，促进整体的健康。现在有很多不同的饮食方式，无论是生酮还是断碳都是其中一种。探索不同的饮食方式是一种认识自我和寻求健康的过程，重要的是采取一种理性和个性化的方法。我们应当深入了解每种饮食方式的原理、适用人群以及可能的影响，并考虑自身的体质和健康状况。如果一种饮食方式带来了积极的变化，同时没有对健康造成负面影响，那么它可能是一个值得尝试的选择。但凡对自己的健康无益，还起了反作用就要及时停止。即使某种饮食方式对于体重减轻有所帮助，但如果在此过程中其他健康指标出现了下滑，比如血压、血糖或胆固醇等，那么我们应该立即停止这样的饮食习惯。我们必须认识到极端的饮食行为所带来的风险巨大。

减肥不是一道数学题！

厌食和暴食都是对健康有害的行为，并且可能导致严重的身体和心理问题，都不应该被采用。

在厌食和暴食这两者中，厌食的严重程度更高，比暴食更令人担忧，特别是对那些患有厌食症的人来说。这是一种复杂的疾病，涉及生理、激素和心理等多方面的因素，需要专业的医疗方法和心理支持来进行治疗。有些厌食症患者可能是因为情绪上的抑郁而导致的，但也有很多是因为过度节食减肥而引起的。这类人通常对减重的执念非常强烈，以至于他们采取了不健康的极端方式，当他们想要吃东西的时候，却发现已经无法正常进食。目前的医学和治疗方式对于神经性厌食症还无法彻底解决，因为这类患者受到的更多的是精神层面上的影响。

对于那些有暴饮暴食倾向的人，调整情绪和增加运动量是两个有益的策略。运动不仅有助于身体健康，还能释放内啡肽，这是一种自然的"感好剂"，能提升情绪，减少因情绪问题引起的饮食冲动。运动者在饮食方面也需要保持平衡。在追求健身目标时，我们可以模仿那些健身达人的饮食习惯，但如果我们的训练量不能支撑这样的饮食，就可能导致能量代谢负担。因此，适度是饮食中的一个重要原则，哪怕是对于健康的营养素，也应避免过量摄入。至于水果的摄入，每个人的代谢情况不同，餐前食用水果可能更有利于消化和吸收，而晚餐后食用对大多数人来说可能不那么理想，主要是考虑到维生素吸收率和餐后果糖摄入两方面因素。

但是，我们也不应过分依赖数据来指导饮食，身体的感受和需求才是最重要的。数据可以作为参考，但它们不应成为决策的唯一依据，切忌"斤斤计较"。最终，我们的目标是找到一种既能满足身体需要，又能促进心理健康的饮食和生活方式。通过倾听身体的信号，我们可以更好地调整饮食，使其既健康又可持续。

在追求健康体重的过程中，对体重和食物摄入量的关注确实很重要，但这种关注应当是建设性的，而非过度焦虑。理解基础代谢率是帮助我们制订合理饮食和锻炼计划的一个好起点。通过简单的家用设备，如体脂秤、运动手环或智能手表，我们可以大致了解自己每日的能量消耗。

根据自己的活动类型，我们可以调整食物摄入以保持能量平衡。例如，同样需要摄取 1000 卡的能量（卡为非法定计量单位，1000 卡 =4.184 千焦。全书特此说明），如果参与的是高强度的力量训练，那么可能需要更多的碳水化合物和蛋白质来支持肌肉修复的过程。如果准备进行耐力运动，如长跑，那么可能需要更多的低 GI（血糖生成指数）碳水化合物来支持持续能量需求。同时，蛋白质的比例要适中，维生素果糖的摄取比例也要更高一些。运动者在运动过程中需要更快速地补充水分，这是因为身体在不同的运动中会以不同的方式消耗和利用能量。

例如，在短时间内高强度的运动，如举重，身体供能系统主要依靠磷酸原和快速糖酵解，会消耗更多的糖原。在长时间的耐力运动中，如马拉松，身体会持续而缓慢地释放能量。因此，食物的选择和摄入时机应与运动需求相吻合。身体运动供能系统包括磷酸原、快速糖酵解、慢速糖酵解和有氧氧化供能。不同强度和持续时间的运动主要依靠不同的能量来源，这些供能消耗决定了对食物摄取的能量需求。

面对不得不喝的"酒"，怎么办?

在日常生活中，保持活跃也是维持健康体重的关键。长时间的静态活动，如使用屏幕，不仅影响姿势，还可能影响身体健康。因此，养成健康的生活习惯，尽量不依靠外界力量，比如，饭后散步，既有助于消化也能促进代谢。因为内脏器官的消化功能随着日落而息，功能和工作效率都会降低，通过身体的主动活动，会减少消化系统和代谢系统的负担。

我们经常提到的"管住嘴迈开腿"固然是一种口号，但是这个横幅下所展开的更多内容值得细化，背后蕴含的意义丰富。简洁地说，健康饮食并不是简单地减少食物的摄入量，更是选择营养丰富和健康的食物。这意味着减少高糖、高油、高脂的食物，选择健康的糖和脂肪来源，如牛油果和椰子油等，同时注意不要过量摄入，在保持营养平衡的前提下，避免能量过剩。

首先，我们需要认识到，当我们明知不应该摄入过多热量却仍然要进食是对健康不利的。对此，我们可以采用一些灵活的应对措施，比如我习惯在饮酒的同时饮用等量的白水，甚至水的比例要大于酒。这样可以缩短酒精在胃和血液中停留的时间，加快其代谢速度。然而，已经摄入的酒精是无法挽回的。

所谓的补救措施旨在恢复身体机能平衡。由于不健康饮食习惯可能导致身体代谢失衡，我们需要通过增加或减少某些摄入来重新建立平衡。正如我之前提到的，边饮酒边喝水是一种平衡方式。此外，在中餐中，尽管高热量食物众多，但仍可以选择一些低热量、偏健康的食物，比如凉拌菜。

有时候在饮酒时，人们会不自觉选择一些高能量的食物和碳水化合物，这在一定程度上对胃黏膜有益。这是人类生理本能的反应，确实可以减少酒精对身体的一些伤害。但第二天这种渴望可能就会消失。然而，有些人可能会继续感到饥饿，甚至需要摄入更多的食物才能感到满足。

在这种情况下，第二天不建议完全禁食，而是应该选择清淡的食物。比如，在我不得不喝大量的酒之后，可能在接下来的两天到三天内我会通过调整饮食来恢复身体的平衡。在饮酒过程中，同步摄入水分也是一种有益的做法，其作用在于稀释胃中的酒精，并有助于加快其代谢过程。然而，需要注意的是，过量饮水有可能导致胃酸稀释，进而对消化功能造成不利影响。

在实践健康饮食和生活方式的路上，我们需要意识到每个人的身体都是独特的，因此，适合一个人的饮食和锻炼计划可能并不适合另一个人。通过持续的自我观察和调整，我们可以找到最适合自己身体和生活方式的方法，享受健康和活力。

特殊生理因素

体重管理和减肥是一个与多种因素相关联的复杂过程，其中不仅包括生理、心理和环境因素，还可能涉及一些特殊情况下的体重增加。在处理因特殊情况而增重的个体时，我们应该认识到这些增重并非总是由不健康的生活方式或遗传因素所引起，这是至关重要的。有些肥胖者并非由于不健康的生活方式导致，可能生活方式也基本健康，没有从父母这边遗传到肥胖基因，也没有任何生理上的激素问题，然而这些人可能经历了一些特殊的情况，例如，产后女性、接受重大手术的患者或是服用某些控制精神类药物的人群。

在清楚了自己肥胖问题的根源之后，就要据此进行减肥和恢复。这些有特殊生理因素的人采用的减重方式和正常肥胖的人群不同，有着极为特殊的专项性，所以需要一个更加细致和个性化的方法，以及医疗专业人员的指导。

拒绝过度身材焦虑

一些有精神困扰的人会服用激素类药物，导致短时间内的肥胖。对于这些因服药而体重增加的个体，首先要解决自身的疾病问题，在控制基础疾病的同时关注体重。随着病情的好转，可能减少药物剂量或逐渐停药。抑郁症患者可能发现通过科学运动来增强身体活力并释放心理压力对恢复健康非常有益。

在停药后，体重通常会逐渐恢复到正常水平，但这需要时间。一般而言，药物对肥胖影响的代谢周期在半年至一年。在整个过程中，渐进性地增加身体活动量并采用健康的饮食和作息习惯是有益的。然而，并不建议刚停下激素类药物的人群去剧烈活动，开始时宜选择低强度的有氧运动为主，同时加一些身体活动度的训练，从而逐步提高身体的代谢速度。与此同时，也要采取尽量健康的饮食和生活方式。

对于产后女性，体重增加和脂肪变多是正常的生理过程，每个孕妇在生产后都会变胖一些。在这个阶段，先不要着急减重，最重要的是建立母乳喂养体系，这不仅有助于婴儿的健康，还能促进母亲体内的脂肪代谢。母乳喂养期间消耗的额外能量可以帮助母亲更快地恢复到怀孕前的体重，也可以让身体激素更加平稳。在正常的生产过程中，随着年龄的增长，身体机能和激素水平也会下降，恢复速度也会相应变慢，所以高龄产妇的恢复时间也会较长。

此外，产后女性需要专注于恢复身体的生理功能，特别是骨盆的位置和肌肉的强度。在孕期和分娩过程中，身体结构和肌肉张力会发生改变，孕妇重心在前，骨盆前倾是正常的形变。在怀孕的整个过程中，孕妇的身体一直产生腰椎和骨盆上的形变，与此同时，肌肉的张力也会发生改变。因此，产后恢复的重点是重建身体的正常结构和肌肉功能，包括深层肌肉和腹直肌的恢复。通过专业的指导和适当的运动康复计划，可以安全有效地实现体形和健康的恢复。

激素导致肥胖的人群该怎么办？

体重管理是一个涉及多种因素的综合过程。对那些因特殊情况而增重的个体来说，需要更加细致和个性化的方法来处理肥胖问题。在整个过程中，医疗专业人员的指导至关重要。在产后恢复的过程中，运动起着重要的作用。运动不仅有助于消耗脂肪，还能够增强肌肉力量，包括括约肌和盆底肌等重要肌肉群。此外，腹直肌的分离也需要得到适当的关注和恢复。如果孕妇不重视这些方面的恢复，内脏器官可能出现下沉现象，这将对身体健康产生不利影响。

产后恢复不仅仅局限于肌肉方面的功能，还涉及生理激素方面的调整。毕竟，产妇就像一个受伤的运动员，需要先恢复伤病，然后逐步恢复运动表现。因此，建议寻求医疗及营养专家的意见，以制订一个有针对性的、科学的恢复计划。在制订恢复计划时，应充分考虑个体差异，尊重身体的自然恢复进程，并采取综合的方法进行复原。这可能包括以下几方面：

1. 饮食调整：合理饮食对于产后恢复至关重要，应保证摄入足够的营养，特别是蛋白质、维生素和矿物质，以支持身体的修复和生长。

2. 适度运动：在遵循医嘱的前提下，逐渐增大运动强度和频率。可以选择一些低强度的运动，如瑜伽、普拉提和散步等，条件允许的情况下，在专业训练师指导下进行更针对产后功能性肌肉的恢复训练，以帮助恢复肌肉力量和灵活性。

3. 休息与睡眠：充足的休息和高质量的睡眠对身体的恢复至关重要。尽量保持良好的作息规律，确保每天有足够的休息时间。

4. 心理调适：产后可能伴随着一定程度的心理压力和情绪波动。与家人和朋友保持良好的沟通，寻求心理支持，有助于缓解压力，保持积极的心态。

5. 定期检查：在产后恢复过程中，定期进行身体检查，以确保身体状况良好。如有需要，及时咨询医生，调整恢复计划。

总之，产后恢复是一个综合性的过程，需要关注身体各方面的调整和改善。通过合理的饮食、适度的运动、充足的休息、良好的心理调适以及定期检查，可以帮助身体更好地恢复到产前的状态，为未来的健康打下坚实的基础。

科"学"减肥

第三章

健康生活

饮食篇：健康膳食结构与食物热量

世界上没有不健康的食物！

在追求健康与减脂的过程中，饮食习惯的调整至关重要。对那些在心理层面上抵触减肥或在实践中遭遇困难的人群而言，他们往往不愿意放弃长期形成的饮食习惯。然而，长期高油高盐的不健康饮食可能导致人体在生理和心理上对强烈口味产生过度依赖，进而影响感官系统，如味觉和消化系统的功能，使得这些感官功能变得迟钝。从医学的标准来看，这种感官神经功能的下降是值得关注的。

对于习惯了不良生活方式的人，特别是饮食习惯，要想有效减肥，首先需要改变的是饮食结构和烹饪方式，而非仅仅减少食物的摄入量。这也是很多人的普遍误区，他们往往简单地认为减肥只是"管住嘴，迈开腿"。然而许多人忽略了饮食结构的重要性，仅仅管住了摄入嘴的量。正如上一章所提到的那样，烹饪方法同样是关键所在，世界上没有不健康的食物，只有不健康的烹调。

我们经常提到薯条和炸鸡不好，但这是马铃薯和鸡肉惹的祸吗？并非如此。鸡肉和马铃薯都是很好的食材，只是烹调方式决定了食物最终的热量和营养素。它们本身是优质碳水和蛋白质，只是通过油炸将健康食材和过多油脂混合在一起，不仅会降低食物本身的营养价值，而且会产生不利于健康的多余能量。这种能量就是我们常说的不利于代谢的多余"垃圾"，当吃进去的东西身体无法有效代谢时，就会转化为体内的负担。

以我个人经验而言，如果一周有两次高强度运动，在这些日子里，我可以去吃炸鸡或薯条。对我来说，这些食物可能就不属于垃圾食物，尽管它们一定不是最优质、最健康的选择。因为高强度的训练让我有相应的高能量身体需求和代谢能力，所以对我来说这些食物偶尔出现没有问题，但对其他人来说未必如此，这也是大多数人的认知盲区。

对刚开始减肥的人来说，最重要的是调整好饮食结构和烹饪方法，熟悉健康食物的味道，并逐渐学会适应甚至享受它。最初，我们需要克服心理上的障碍和痛苦。

《我只活一次》的幕后竟是这样!

贾玲导演的纪录片《我只活一次》中,有很多我和玲姐互相沟通的内容,也有一些未收录的内容,比如说,玲姐说吃鸡爪才感觉自己仍然活着。虽然在那个时候,她已经能吃出彩椒的甜味,吃出西蓝花本身的味道,从一开始难以下咽到后来觉得还挺好吃。但渴望重口味食物的感觉即使已经到中期,她也有较强烈的心理需求。十多年以来,或许她都习惯依赖重口味的食物来调节自己的情绪。尽管她已经习惯了健康饮食,但仍在心理上渴望着某种东西。这种渴望对于正处在减肥过程中的朋友，因为体质和代谢能力一直处于不断变化状态，就需要特别注意和克服。

最初我给的饮食内容她觉得很多，还要问我为什么要给她这么多吃的，因为她认为量实在是太大了，毕竟自己可是在努力减肥。她对我说："你没弄错吧？我在减肥呀！"我非常肯定地回答说："你尽量把这些食物吃完。"我强调了一点，必须认识到，如果不摄取足够基本的能量和足够均衡的营养素，减肥的过程会变得更加缓慢。她在吃的过程中，虽然总觉得自己吃得过多了，但每次都会卖力地吃完。当然，不久后她又会感觉很饿（有时候更"干净"的食物，消化时间会更短，能量利用率也会更高），这些情况都需要一段时间去适应。

总体而言，控制食物摄入量固然重要，但这并不意味着需要减少总的食物量，而是应降低食物的总热量。举个例子，一份炸薯条看似非常少，可能只有100克，但其总热量可能在500～600大卡（1大卡=1000卡）。相比之下，一份营养丰富的食物，如鸡蛋与牛油果搭配意式地中海沙拉或甜菜根沙拉，甚至加入奶酪，其重量可能达到400～500克。虽然食物总重量是一份薯条的近4～5倍，但营养会更加均衡。这样一份沙拉的总热量可能只有500大卡，比100克炸薯条还要少。此外，吃下的这400多克营养均衡的食物基本可以被身体很好地代谢利用。

所以食物的总重量和总热量是两个不同的概念，我们需要从热量和营养素两方面来考虑这个问题。

唯一可复制的食谱！

在饮食中，最重要的因素是食物的数量。对大多数人来说，没有必要采取任何特定的饮食方法，只要调整好食物的结构和烹调方式就是最健康的。

我理解所有想要减肥的人都希望能够快速找到一个可以复制的方法。然而，每种饮食方式适应的人群也不一样，我们能了解的就只有自己。

如果一个人真的做到了极速减肥，这也意味着未来会更快速地恢复原来的体重。而且过于极速地减肥往往会起到相反的效果，我们更需要减少的是多余脂肪，而不仅仅是体重。因此我们可以根据中国营养学会的营养金字塔结构（4+1营养金字塔）进行调整，无论是否运动的人群都可以进行参照。5大类食物包括谷薯类、蔬菜水果类、畜禽鱼蛋类、奶和奶制品、大豆及坚果类以及烹调用油盐糖，不同的人可以根据自身需求调整比例。

首先，我不建议任何减肥的人在没有任何特殊身体问题的情况下，过度控制碳水化合物的摄入。如果是患有高血糖和糖

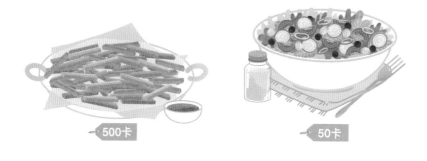

500卡　　　　　　　50卡

尿病的人，那么可以进行相应的运动调整，调整在中等强度，不能太高强度。血糖健康问题比减肥速度更重要。如果碳水化合物和糖分摄入不足，血糖水平会变得不稳定。这种情况下，通过高强度运动以快速糖酵解为主供能的锻炼方式容易导致身体产生低血糖症。糖尿病患者由于其身体对血糖的调节功能减弱，确实更容易面临碳水化合物摄入与管理上的挑战。对普通人而言，在没有特殊的生理健康问题的前提下，减肥不应以刻意削减碳水化合物的摄入量为手段，一般应遵循营养专家的建议，即每天摄入 150 ~ 300 克的碳水化合物。

之所以没有一个统一的数字标准，是因为每个人的生活方式、健康状况以及代谢功能都不尽相同。例如，一个经常运动的人可能只进行了简单的拉伸训练，这一天的日常活动量不大，那么当天的碳水化合物需求量可能就比较低，200 克即可满足需求。相反，如果他知道未来要参加消耗较多的体育活动，那么，对碳水化合物的需求就会增加，可能超过 300 克，达到

400 克甚至 500 克，以满足较高的糖原需求。

因此，关于碳水化合物的摄入，重点在于根据个人的实际需求进行调整，而非一味地减少摄入量。同时，改变碳水化合物的来源结构也很重要。过去，在一日三餐中，人们可能主要食用白米饭、白面和其他精制粮食。但无论是美国运动医学会（ACSM）还是中国营养学会，都推荐以五谷杂粮作为饮食的基础，而不是单一种类的粮食。在饮食上，我们应该尝试更加多样化的食物选择，包括各种豆类在内。

3 分练，7 分吃？

许多人对碳水化合物会有误解，认为它们是导致肥胖的罪魁祸首。碳水化合物在我们身体的能量供应中扮演着至关重要的角色，尤其是在需要快速力量爆发时，比如，30 秒内的力量爆发。人体有三种不同的能量供应方式：磷酸原供能、糖酵解供能和有氧氧化供能。磷酸原供能在短时间、高强度的活动中起主要作用，如举重；糖酵解供能则在三四分钟以内的中等时长、高强度的运动中起主要作用，像 400 米跑、一回合的拳赛；而长时间的耐力运动，如 5000 米跑，则更依赖于有氧代谢。在这些过程中，能量更多地来自糖和脂肪的代谢，涉及的是一个较长时间的能量供应过程。

　　除了提供能量外，我们常吃的主食本身也富含蛋白质。无论是米饭还是馒头，它们都是蛋白质的重要来源。在过去，职业运动员并没有现在这么丰富的物质条件，有时候无法摄取足够的肉类，就会选择食用大量主食。

　　氨基酸、膳食纤维和复合维生素在粗粮中体现得更多。很多人认为粗粮碳水摄取的能量比同样分量的米饭更低，这是错误的观点。100克糙米和100克白米饭的能量相差无几，甚至三色藜麦比米饭的热量还要稍高一些。然而，糙米等粗粮富含的其他氨基酸、蛋白质、膳食纤维更高。虽然二者能量相差无几，但粗粮综合营养素更高，也更容易给身体提供有效的能量代谢，这就是为什么它们被称为"减脂"的碳水化合物。

白米白面属于快碳，特点是食用完后血糖升高速度快，但糖原可持续利用时间短。而粗粮中的慢碳则意味着血糖升高缓慢，虽然不会立刻让血糖升高到很高水平，但是可持续糖原供能时间更长。身体在日常所有动作中能够一直利用糖，快碳会快速升高血糖水平，但持续供能时间更短，身体还没有利用完的这部分能量就会更容易被储存起来。

长期避免摄入精制谷物对健康并无显著负面影响。精制谷物主要满足现代人对细致口感的需求，而非基于营养或健康考量。对一般健康人群而言，持续食用精制谷物不会带来不良影响。我们需要更理性地看待食物，实际上，从热量角度看，粗粮谷物并不比精制谷物低，但其复合营养价值和较低的血糖生成指数（GI）是其明显优势。精制谷物以单糖为主，其快速升高血糖的特性适合需要短期能量供应的情境。然而，对大多数人来说，这种细微差别在日常活动中几乎无法察觉。

普通人不用在运动后刻意补充快碳。比如，健美运动员训练的主要目的不是最大力量和运动表现，而是最大肌肉横截面积，他们通过将身体的肌肉维度变得最大来体现肌肉的美感。如果训练量达到一定程度，肌肉纤维破坏度足够高，练完半小时内可以通过碳水补充能量进行迅速修复。这些对碳水的补充方式都是运动员的标准，无论是健美还是其他专项运动，都距离普通人很远。3 分练 7 分吃是重要的，但他们训练的 30% 可能顶普通人运动的 300%，因此对他们来说要重视 7 分吃。

在脂肪摄入方面，一些人主张低碳水化合物饮食，以拉高脂肪摄入比例。但实际上，应根据个人的运动量和水平来调整饮食，而不是一味追求低碳。如果运动强度不大，低碳饮食可能适合；反之，则不必刻意限制碳水化合物的摄入。脂肪摄取的选择应多样化，不仅限于橄榄油。长期来看，应包括动物源性脂肪在内的多种脂肪来源，而精炼油应尽量避免。

简而言之，对大多数普通人而言，除遵循科学理论外，还需遵循自己的体感。当自己不想吃或无法继续吃时，不用强迫性进食。在此过程中，直觉也起着重要的作用，对基本健康的人而言，这种直觉通常是准确的。然而，糖尿病、高血压患者、酗酒者以及有焦虑问题的人可能无法准确判断进食欲望究竟来自哪里，还是应遵循医嘱。

直觉饮食很重要！

要解决暴饮暴食问题，我认为第一件事是开始审视自己的生活和情绪，并问自己，你是不是一个能够很好地控制自己情绪的人？

如果一个人暴饮暴食，那么一定有一些情绪因素。例如，快乐的时候想大吃一顿。遇到了一件特别棘手的事情，非常苦恼也想大吃一顿。所有极端性情绪都倾向于将大吃一顿视为解决问题的方式，也是唯一平复情绪和体内激素的方式。这说明一个人身体的血糖和感官已经很不稳定了。那么，此时我们就需要审视自己是否只存在这方面的激素敏感。

生理需求性饥饿是指在运动量较大之后感到非常饥饿。这是正常的生理现象，在非常饥饿的时候，我们需要遵循食物金字塔来进食。通常一个正常成年人在不运动情况下，每天建议摄入比自己基础代谢多 300～500 卡的能量，运动量大的时候可以在这个基础上再多 300 卡，甚至有时候运动量过大可以摄入比自己基础代谢高过 1000 卡的能量。或者今天跑了马拉松，运动消耗了 1300 多卡，基础代谢是 2000 卡，那么今天吃 3500～4000 卡也没有问题，因为身体肌肉的恢复需要更多能量，持续消耗热量进行修复基础代谢和运动总量，再多吃一点也没问题。根据总体的饮食结构比例不变，原则上建议多摄入一些碳水、蛋白质和富含维生素的水果。

食物金字塔上的第二层是水果和蔬菜。中国营养学会将其归为一类，按照百分比计算，蔬菜占到 70%～80%，水果占到 20%～30%。大部分人认为吃水果好，水果有益于健康。水果本身没有问题，但正如我们上一章提到的过犹不及。虽然果糖是好糖，对人体有益，同时含有维生素、膳食纤维、微量元素，但过多的果糖摄入同样会让身体长胖。身体无法利用反而会储存，因此需要控制量。

在饮食细节上，我们需要确保总能量摄入不偏差，并保持用餐时间相对规律稳定。根据个人的生活习惯和作息规律调整用餐时间。例如，如果一天所需的能量为1500卡，但这1500卡的能量如果集中在睡眠前摄入，即使总量未超标，长期下来也会导致体重增加并出现消化问题。

健康饮食是一个复杂而精细的平衡艺术，我们的身体需要各种营养物质来维持正常的生理功能。例如，鸡蛋是一种营养丰富的食物，正常一天吃两个全蛋是合适的，蛋黄也包含许多对身体有益的营养成分。但是过量摄入，如一天吃10个蛋，就可能对健康产生不利影响。在健身领域，许多爱好者的饮食和训练方式高度专业化。我们常说万事需均衡处理，避免任何极端。重要的是保持饮食与训练之间的平衡与协调，以免对身体造成不良影响。

在健身和饮食方面，平衡和专业性都至关重要。我们不能只关注一方面，而是需要确保饮食和锻炼相互匹配。就像使用天平一样，我们不能让一头过轻或过重，否则身体可能出现问题。不然即使是健康食物，摄入过量也可能导致体重增加。

健康烹饪方式更重要！

在烹饪上，健康的烹调方式应保留食物的原始色泽和形态。建议日常饮食中，每一餐的食物超过6种颜色。

虽然很多人的饮食结构和食物比例非常健康，但是经常只吃一两种蔬菜或者在同一类型的蔬菜之间转换，营养摄取就会变得单一。例如，白色食物，像山药、莲藕和百合，虽然它们都是白色的，但它们的营养价值各不相同。同样，红色的食物，比如番茄和胡萝卜，以及绿色的食物，包括深绿和浅绿的蔬菜，它们的颜色差异也反映了它们含有的营养素和微量元素的不同。

除了专业运动员和营养师可能需要每天精确测量和分析食物成分外，大多数普通人无法做到这一点。因此，通过多样化的颜色确保营养摄入的均衡性是一种实用方法。这也适用于肉类的选择。饮食金字塔的第三层是鱼、禽、肉、蛋等动物性蛋白质为主的食物。在饮食结构中，应避免只食用红肉而忽视其他种类。比如，粉色三文鱼和其他颜色的鲑鱼。不同部位的鱼肉和鸡肉的颜色也会有所不同，这些颜色的差异也是我们选择食物的一个重要参考。

《热辣滚烫》背后故事大揭秘！

接到《热辣滚烫》这部电影，对我来说是非常有意义的。减重是一个不断探索和了解自我的过程。而当我完成电影角色的调研后，我发现我的任务并非只是帮助演员减重，电影中角色的最终目标是要接近运动员的样子和动作表现力，体重和体形的改变只是其中必要的一个环节而已。单说减肥，对我的专业来说比较简单，但在短短一年的时间完成跳级似的变化，无论对演员还是对我来说都是一种挑战，这种挑战令我兴奋！同时也令我敬佩演员的勇气！

贾玲不想使用特效，而是想通过真实的改变来塑造角色，这非常了不起。因为人体的改变是一个生物化学过程，而非纯粹的物理变化。在这个过程中，我们经常会遇到各种挑战和博弈。当减重进入平台期，可能感到速度变慢，不符合预期，从而怀疑自己的做法是否正确或者是否适合继续，最终可能导致放弃。

除了体能训练，饮食的规划也很重要。

最初，我给玲姐安排的食物量其实挺多的，因为烹调更为"干净"的饮食，总量虽多但其实总热量并不高。我也能看出她那时吃得有些吃力，这种吃力也不全是因为食物量多，也有很大原因是没有以前那些重口味饮食的用餐快感，但后来她逐渐适应了这种饮食习惯。就像之前我提到过的，如果运动代谢所需能量和营养素摄入不足就无法完成高效的训练。当然，这只

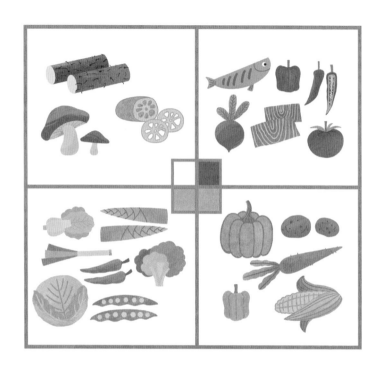

是我们在这个过程中遇到的一些具体问题，更细节和个性化的问题还有很多。在减重这件事上，贾玲也是一个普通人，对减肥的人来说，她所经历的情绪波动和问题是每个人都会遇到的，所有反应也都是正常的。

就像大家在《我只活一次》纪录片里看到的，贾玲强调最多的，也最"耿耿于怀"的就是"卡平台"这件事。对很多正在减肥的人来说，"卡平台"往往是压死骆驼的最后一根稻草，明明各方面都已经做出了最大努力，却在一小段时间内没有任何改变。这时往往伴随着灰心沮丧等情绪，如果不客观地看待这件事，就会被这种负面情绪所左右，有的人会暴饮暴食，有的人则会拼命地加大运动量，甚至还有的人因此而放弃。贾玲是一个自驱力非常强的人，虽说平台期会让她的情绪有所波动，但她的行动并没因此而懈怠。记得有次平台期时她对我说："佳哥，我觉得我可以再吃少一点，运动强度和时间也可以再提高，我可以承受。"我的回答是："你的平台期其实周期性非常规律，我们已经可以清晰判断什么时候会度过它，以及下一个平台期大概何时到来。咱们要做的是观察身体的感受，随着体重的下降、身体成分的变化，再观察要不要调整营养素结构，以及增加睡眠和休息时间。如果是以前做得很吃力的运动强度，现在做起来变得比较轻松，那我们再考虑是否需要在训练结构上进行调整。另外，如果体能在持续变好，身体围度如果也有继续下降的趋势，这也说明身体是在持续改变的，并不能简单地只看体重变化。"所以在我看来，平台期是必然的生理规律，也是让身体适应和稳定上一个阶段成果的必要过程，我更愿意用稳定期来形容它。这个过程也是提醒我们身体和生活需要继续进行调整，身体的代谢循环即将进入下一个阶段了。即使在我不断地专业引导下，玲姐也很难完全抚平平台期的心理波动，不过在中后期她已经逐渐将这件事淡化，因为她跟所有正在努力改变的朋友一样，当事者迷。我希望看到这段文字的朋友们，可以尽量少些平台期的负面情绪，从更积极的角度感受和分析自己，做出更正确的积极应对。

还有个有意思的事情也值得和大家分享，贾玲在已经接近最终角色目标的那个阶段，她有一天突然对我说："佳哥，饮食里能不能给我安排一些健康点的甜食，突然特别想吃甜的，不知道我是不是自律了太久，馋了，如果会影响咱们的进度就算了。"其实我相信很多常年保持高水平运动的人都会有同样的感受，因为在运动量，尤其是体能的力量训练方面强度很高的时候，身体的糖原消耗是很大的，有时候即使有了很好的恢复周期，依然会觉得身体缺糖。

我本人也是甜食爱好者，当然我会控制甜食的量和进食时间，通常会在大运动量前放纵一下自己。贾玲当时想吃甜食的敏锐感受并不是单纯因为"馋"，而是那段时间她的力量训练水平和整体运动表现正在大幅度提升，并且身体肌肉成分也维持在了比较高的比例。于是，我帮她在饮食上做出了一些调整。首先，在有高强度训练前的早餐时，她会吃一些自己做的不额外添加糖的小蛋糕或酸奶水果杯，一切甜味都来自天然的果糖、蜂蜜、纯度比较高的巧克力等；其次，有时候在打拳专项训练和有氧运动为主的日子，她的正餐主食由粗粮碳水改为了升糖更快的细粮，像白米饭白馒头等，并且碳水量也根据训练量提升了一些。这样做更多的是为了提升贾玲的运动代谢循环，更高效地进行供能与能量转换。

所以我总说没有任何食物是吃了就一定会瘦的，也没有任何食物是吃了就一定会胖的，最重要的是我们所摄入的食物能量与营养素，是否匹配身体实际供能需求，只要是代谢过程可以充分利用的就是好能量。反之，即使吃了很多看似有益的食物，但身体无法完全代谢利用，也会变为富余能量储存。

在追求健康和减脂的过程中，我们需要理性地分析自己的感情和需求。例如，若有强烈的冲动想要暴饮暴食以满足某种欲望，这种欲望可能并不准确，但我们可以理性分析它。在运动减脂过程中，如果感到对糖分或甜食有强烈渴望，这或许是身体需要，而不是单纯的心理需求，但如何吃，如何选择相对健康的糖是我们可以主观选择的。力量训练过程中感到疲惫无力，可能是训练前碳水化合物摄入不足导致糖原供给不足的反应，此时需调整饮食结构。这一表现也意味着自己的运动能力和运动量有所提升，所以需要相应增加合适的营养摄入。

一个人的主观性是很强的，在减重的过程中，我们需要不断体会身体的感觉和对食物的反应。要对整个过程充满思考和信心，毕竟减重不是纯粹的物理改变。我们应该尊重理性原则，同时重视自己感性的一面。

不可忽略的健康饮食逻辑——时间

总热量的控制和进食时间的安排也是健康饮食中的关键因

素。我们需要确保总能量摄入不偏离目标，并且进食的时间也要合理分布。根据个人的生活状态和作息规律，可能需要调整进食时间。在饮食规划中，理解食物的种类很重要，适量摄入也同样重要。饮食金字塔的第四层是奶类、大豆和坚果，多吃各种各样的奶制品有助于提高蛋白质和优质脂肪摄入量。而且坚果无论是作为正餐还是加餐，都是食物多样性的一个好选择。

我们不必一开始就要做到完美，而是需要不断调整和改进。在食物金字塔中，脂肪位于塔尖。适量摄入油脂非常重要，虽然它在日常饮食中所占比例较小，但可以丰富我们的食物选择。在烹饪过程中，应尽量避免过多油的使用，既不推崇全水煮的做法，也不提倡高油脂的饮食方式，如过多油炸等烹调方式。

通过合理的饮食规划和均衡的营养摄入，我们可以实现身体健康和生理功能的平衡。在调味品方面，我们有很多健康选择。例如，低脂沙拉酱和油醋汁可以为食物增添风味，同时控制热量的摄入。

对工作忙碌的人来说，现在可以方便地在网上购买到预制的黑醋橄榄油醋汁，为健康饮食提供了便利。此外，市面上还有已经配比好的海盐和黑胡椒等低脂健康调料，这些调料既方便又健康。在选择食材时，可以考虑使用玫瑰盐和彩色盐等盐类，它们不仅能增加食物的美感，还能提供额外的矿物质等微量元素。因此，只要我们注意选择合适的调料和食材，就能轻松享受到美味又健康的食物。

在饮食结构和量方面，我建议大多数人根据自己的作息时间调整饮食时间。中国人传统的习惯是一日三餐，没有必要刻意打破从小就认为舒适的生活习惯。我们需要关注饮食比例和结构，例如，根据个人能量需求，合理安排一天中的总碳水化合物摄入量。我倾向于推荐"重早轻晚"的饮食模式，即早餐和午餐可以摄入较高能量，而晚餐则应适量减少油脂和碳水化合物的摄入。

刚开始减肥的人应该怎么吃？

对刚开始减重的人而言，饮食时间可以灵活处理并合理安排，以确保身体能够适应不同的饮食节奏。

早餐和午餐的选择可以根据个人的饮食习惯和需求来决定。例如，在周末休息日，如果起床时间较晚，可以适当调整饮食时间，以免对身体造成不必要的负担。

晚餐时可以多选择蔬菜、碱性食物和菌类等富含膳食纤维和微量元素的食物，这些食物有助于加快代谢，减轻身体的代谢负担。对下班后需要进行锻炼的人来说，晚餐中的碳水化合物比例不宜过低，因为锻炼需要足够的糖原来支持。在这种情况下，可以选择一些健康的零食，如谷物面包或谷物酸奶，作为加餐以补充能量。

可能有小基数的减重人群想通过调整饮食时间，增加某一类运动来局部减脂，但这是不可能完全实现的。脂肪代谢的两个关键因素：一是运动的频率和强度，二是运动的目的是否一致。一个人可能只想减少腹部脂肪，但只专注于腹部训练是非常困难的。通常情况下，10分钟的高强度训练就足以让人感到疲劳。因此，在制订运动计划时，我们应该考虑到运动的全面性和目的性，以确保运动效果最大化。真正的核心训练往往涉及下肢和上肢的参与，虽然我强调以核心训练为主，但其中也包括独立的腹部训练。这样的训练强度会让整个身体都参与到运动中来，可以设计成一种结合有氧和无氧的混合训练模式，同时以腹部为主要锻炼对象。

因此，在日常生活中，我们应该保持一种更健康、积极的方式，不能只关注身体某个部位的维度。具体来说，应该观察身体的循环规律，例如，什么时候进入平台期以及什么时候减重可以持续。毕竟，人类是自然生物，不是机器。

饮水对代谢的影响

在追求健康的过程中，我们需要关注自己的饮食和饮水。很多人认为控制饮水是减肥的关键，但事实上，很多人的饮水并不足量。专家建议每天至少喝8杯水，每杯约200毫升。这

是一个大致范围，并非严格规定。水分摄入后会随代谢排出，大部分不会在体内储存。如果饮水不足，身体会出现脱水现象，这是身体的自然反应。

饮水可以帮助我们维持身体的正常代谢和排毒。同时，我们还需要关注饮水的质量，选择对身体有益的水，如白开水、矿泉水或含有矿物质的苏打水，而不是各种各样的饮料。在饮食方面，我们需要选择低盐食物，过多的盐摄入会导致身体储水，影响身体的代谢平衡。此外，我们还需要关注自己的饮水习惯，确保每天的饮水量达到推荐的标准。如果水喝得不够，身体也会出现水肿，这是提醒我们需要补充水分的信号。

适当的水分摄入是预防脱水的关键，饮水量不足可能导致便秘等问题。在极端环境下，如沙漠或戈壁，人们面临的身体挑战与日常锻炼不同。在这些情况下，由于饮水量不足，人们可能感到身体肿胀和疲劳。当身体缺水时会出现水肿现象，这是身体试图维持体液平衡的一种方式。

水对于脂肪代谢和血液循环也是非常重要的，特别是对于高血脂的人群。针对女性减脂与减肥的饮水建议是避免饮用冷水，而选择温水，以适应不同季节的体温变化。饮水温度应接近体温，不宜过热，只需确保口感不凉即可。过冷的水可能导致消化系统不适或其他问题。

这些智商税，你交过吗？

有些人可能希望通过快速减肥来达到目标体重，但这通常不是一个可持续或健康的选择。过快的减重速度可能导致皮肤松弛和其他健康问题。在减肥过程中，如果运动和饮食控制得当，体重下降速度会很快。然而，如果水分摄入不足，即使不会影响脂肪的代谢，也可能导致皮肤松弛。皮肤松弛并非仅由水分摄入不足引起，还涉及其他因素，如运动类型的比例、减肥速度和饮食结构的合理性。不足的饮水量会加剧皮肤的松弛情况。

关于黑咖啡与减肥的关系，目前并无充分的科研证据支持黑咖啡能直接帮助减肥。虽然咖啡因确实可以提高心率和新陈代谢率，加速身体的脱水过程，但这并不一定意味着它对减肥有直接帮助。长期依赖咖啡因可能有不良后果，打乱身体的正常代谢过程。借助某种饮品提高自己的心率，从而提升运动表现也是不理智的选择。在运动中，了解自己的身体极限非常重要。一般来说，心率是一个有用的指标。根据运动目的和个人健康状况，有不同的心率范围可以参考。例如，一些高强度运动员可能能够承受超过一般推荐值的心率，但这需要经过长时间的训练和专业的指导。

美国心脏协会指出，随着心率的增加，个体的心肌供血能力、肺活量、肌肉毛细血管循环以及淋巴代谢系统均会承受更大的压力。我们通过科学的训练使心率在运动过程中增加，去给予这样适度的压力刺激是为了增强心肺及身体循环机能。但并不建议非职业运动的普通人过于激进地追求过长时间高心率状态，即便是对于训练有素的运动员来说，这样做也可能构成风险。适度的心率控制是关键，对一般人群而言，运动中最高心率控制在（220- 年龄）× 95% 下的心率水平是较为安全且合理的。

无论是在极端环境下的挑战还是日常的减脂和锻炼，合理的饮水和营养计划都是非常重要的。过度依赖某些物质或过于激进的减重计划可能导致不良后果。最好是咨询医生或营养专家，以获得个性化和全面的健康建议。

常见流行的饮食方法与建议

在之前的内容中，我们已经提及了一些当前流行的饮食方法与建议。其中一种方法是所谓的16+8间歇性禁食，即在24小时内有16小时的断食期和8小时的进食窗口。这种方法旨在促进食物营养利用率及更多脂肪供能。在此8小时的进食期内，应充分利用摄入的食物能量，而非无节制地进食。正确的16+8间歇性禁食不仅关注食物的选择，还包括食物的量、结构和烹饪方式，并且可以作为一种长期坚持的健康饮食习惯。

饮食方法的选择和个人适应性是关键。从我个人的经验而言，一天只吃两餐。但我确保早餐摄入充足。无论当日从事何种工作，我都会预留至少一小时来用餐。此外，细嚼慢咽也是一个健康饮食习惯。人的饱腹感并非完全依赖于消化过程，而是与食物的第一口感觉有关，这种感觉通常在开始进食后8~10分钟出现。因此，更为重要的是有效利用食物带来的能量，而不仅仅依赖胃和肠道的消化吸收。值得一提的是，口腔内的唾液酶同样扮演着重要的消化角色。

在使用任何产品或饮食方案时，重要的是要评估它是否对自己产生了积极的影响。如果产品或方案带来了正向效果，并且没有引起不良反应或健康指标异常，那么可以继续使用。每个人的体质都是独特的，探索适合自己的饮食方式也是一个不断自我了解的过程。我不建议长期采用极端的饮食方法，如完全断碳或纯生酮饮食，因为这可能导致营养不平衡或其他健康问题。

　　无论选择哪种饮食法，应先了解其原理与合理性，并判断该饮食模式是否适合自己的生活方式、作息以及当前的身体状况。

作息篇：睡眠

日常生活中的常见问题

当我们谈论睡眠时，通常指的是身体和大脑的休息状态。在这种状态下，我们的心率会降低，进入一种深度的休息模式。如果静息心率在睡眠时降低的范围较小，这为我们提供了一个了解自身健康状况的窗口，可能意味着深度睡眠时间较短。

然而，我们对睡眠的体验并不仅仅取决于生理因素。我们的舒适度和情绪状态也起着关键作用。例如，如果我们感到紧张或焦虑，那么可能无法进入深度睡眠，即使我们的心率已经降低。这种紧张情绪可能是来自第二天有事要做的焦虑或者有其他的压力源。

梦境是我们在睡眠中经历的一种心理现象。它是我们大脑在休息状态下的产物，有时可以帮助我们洞察情绪和心理状态。因此，我建议大家尽可能地提高睡眠质量。

首先，晚餐应该轻量，以避免给身体的代谢系统带来过多的负担。其次，我们应该避免在睡前两小时内进行过于剧烈的运动。许多人喜欢夜跑，但长期这样做可能对我们的健康产生负面影响。晚上跑步的速度、节奏和时间应该是你能够轻松承受的，就像散步一样。有些人按照训练标准进行夜跑，这无疑会影响他们的睡眠。

我不建议将锻炼时间安排得太晚，虽然许多职业运动员的比赛在晚上进行，但他们的作息时间需要进行相应的调整。例如，专业的球员或许在晚上 7:30 开始比赛，比赛结束后，康复师会帮助他们放松。他们在晚上 10 点到 11 点前后结束活动后才能进食，而且他们赛后的进食以及休息恢复都是在专业人员的指导下严格把控的。

简而言之，锻炼应该遵循理性的原则，同时也要尊重自己的感情和感观。第二个建议便是在睡前进行一些放松和拉伸的运动。如果晚上的运动对你来说是一种调节，这完全没有问题。但如果晚上的运动让你感到兴奋，那么它就变成了一项你必须完成的任务，成为压力，这无疑会影响你的睡眠。假设你晚上的运动是瑜伽，这可能使你的身体更放松。

如果一个人对自己的身体状况非常了解，能够很好地控制和调节自己的情绪，这就是高水平健康的体现。虽然许多疾病最终会在生理层面上显现出来，但大部分疾病是从情绪和心理层面开始的，包括癌症在内。

小心乐极生悲！

我们可以通过身体来控制情绪，可以尝试调整自己的思维方式和情绪。如果能控制好自己的思想和情绪，就能达到自我控制的目标。在现代社会中，我们面临着各种各样的压力和挑战，这些压力和挑战往往会导致我们的情绪波动，甚至可能出现暴饮暴食等不良习惯。为了更好地控制自己的情绪和行为，我们需要学会更多地关注自己的内心世界，包括内观自己所吃的自然食物的味道。这样，我们就能更好地了解自己的需求，从而做出更明智的选择。

我们需要明确控制和压抑之间的界限。过度的控制可能导致情绪的压抑，而适度的控制则可以帮助我们更好地应对生活中的挑战。当我们感受到开心时，应该大胆地表达出来，而不是刻意压抑。同样，当我们感到悲伤时，也应该允许自己释放情感，而不是强迫自己保持乐观。

中国文化中有很多充满智慧的词汇，如"乐极生悲"，意味着过度的兴奋或悲伤都可能导致不好的结果。因此，我们应该学会在情感上保持平衡，不过度兴奋，也不过度悲伤。这样，我们就能更好地应对生活中的起起落落。

在面对困难和挑战时，我们应该积极地看待问题，从中吸取教训，以便在未来遇到类似的情况时能够更好地应对。这种积极的思维方式有助于我们更好地应对生活中的挫折和失败。

我们需要学会关注自己的内心世界，保持情感平衡，积极应对挑战，明确自己和他人的责任，并具备一定的心理调节能力。通过这些方法，我们就能更好地应对生活中的各种压力和挑战，实现自己的目标。

理性地"PUA"自己！

我们需要关注自己的内在需求和外在环境，以便更好地调整自己的生活方式。例如，在减肥过程中，我们需要关注自己的体脂百分比，以便了解自己的健康状况。同时，我们还需要关注外界的评价和期望，以便更好地调整自己的目标和计划。

《热辣滚烫》电影的完成更是说明了这些"关注"的重要性。初始阶段总是最为艰难，正所谓万事开头难。然而，随着时间的推移，我们逐渐适应并找到了节奏。这个过程中，我们也会周期性地做体检，以确保一切健康地执行，庆幸的是，贾玲的身体条件极佳，整个过程中并没有出现任何健康问题。

迄今为止，她的体重已经成功减轻并达到了目标，保持相对稳定的状态，也没有出现大的波动。经过这段时间的努力，她已经建立起了一个健康的生活习惯体系。记得那天，玲姐结束了最后的工作，说今天是时候庆祝一下，因为她的努力和坚持，我们的任务已经完美完成。那天，她心情大好，却没有继续选择那些口味过重的食物，而是享受着蒸鱼、黄瓜、圣女果等这些更"干净"的食物。大约一年的时间，她就已经养成了

这样健康的味觉习惯和生理习惯。

当我看到那一幕时，我的成就感甚至超过了看到她完成杀青戏的那一刻。角色乐莹和贾玲融为一体。我们在电影中看到的一切都是真实的，没有任何特效加工。即便她偶尔坐在拳击台上，皮肤上的皱褶也是真实可见的，这增加了电影的真实感。

贾玲的经验也适用于生活中的普通人。我的建议是，不要急于求成，而是要将时间线拉长，即使进度缓慢一些也没有关系。减肥不应该是一时的事情，关键在于维持一种健康的生活方式，包括科学的运动、均衡的饮食以及规律的作息和睡眠。当一个人成功减肥并维持一段时间后，他的体质就会真正发生改变，变成易瘦体质。这时，他也会更加了解如何平衡饮食和运动，以维持身体健康。

休闲时间的健康性选择

睡眠包括总时长、时间段分布、深度睡眠问题以及睡眠质量的重要性。健康的休闲时间应该根据个人的生活状态来决定。例如，如果有电梯可用，在不赶时间的情况下可以选择走楼梯，这样的日常活动可以提升身体健康程度。天气好且距离不远时，可以选择骑自行车而非打车。在屋里散步看手机或者在户外公园里晒太阳、看书、听音乐，这些都比躺着刷手机更有益。

健康的生活方式体现在日常生活的每一个细节中，这种习惯不仅会影响到自己，也会直接影响到身边的人，尤其是家人。通过这些小的改变，我们可以为自己的生活带来更多的健康和幸福。当我们讨论到家族性遗传问题时，要意识到改变身边环境和生活习惯的重要性。对普通人来说，有规律地锻炼和生活是非常值得赞扬的。即便是一年中只有一个月的时间能够坚持这样的生活节奏，也是对自身健康的一种积极态度。尽管这样的生活调整可能一开始会很辛苦，但它是一种值得推崇的生活方式。

每个人的身体状况都是不同的，因此我们需要根据实际情况来调整运动强度，不能一概而论。我发现很多人并没有真正理解休息的意义。有时候，当我一天工作结束后感到疲惫，我可能只会选择玩电子游戏或者简单地休息，但这往往会让我感到更加疲惫。所以我会寻求一些更有效的方法来恢复体力和休息，比如，做做呼吸训练，以及采取睡前拉伸活动等其他放松技巧。

身体的恢复能力是一个综合性问题，我们称之为机体循环修复能力。通过健康饮食和正确的食物选择，我们可以提高身体的代谢循环能力，从而加快身体的恢复速度。对运动员来说，他们必须严格按照营养师的建议来进食，不能吃得太多也不能吃得太少，甚至不能吃一些像烤串这样的食物。虽然运动量大的情况下吃不健康的食物不会让人变胖，但它会影响训练后的身体循环恢复速度。

　　长期食用高油高盐高糖的食物，以及那些无法被身体代谢，最终变成体内垃圾的食物，会导致身体产生慢性炎症。这种慢性炎症有时候并不会有直接的感觉，只会表现为身体酸痛，一些轻微的过敏，或是肠胃不适等情况。如果在没有进行运动、走路过多或者睡觉时出现关节不适和肿胀，这些都可能是循环代谢系统出现问题的信号，更是身体健康不佳的信号。

　　日常生活中，要确保摄入和锻炼之间的比例是合适的，才能减少身体的疲劳感。

科学运动

健康体适能介绍：
了解什么是体能训练，
健康体适能与竞技体能的区别

运动专项体能训练 vs 一般健身减肥运动

当我们谈论体能训练时，通常指的是通过一系列的锻炼和活动来提高身体的运动机能。这种训练可大致分为两类：健康体适能和竞技体能。虽然两者都旨在提高身体的机能，但它们的目标和方法却有所不同。

健康体适能是指为大众设计的体能训练，目的是维持和提高身体健康，预防疾病，并增强日常生活中的功能性活动。

它强调的是身体各方面能力的平衡发展，如力量、灵活性、稳定平衡能力和敏捷性。健康体适能的标准并不追求个体在某项能力上的极限突破，而是寻求整体能力的和谐与均衡。例如，大多数人在进行健身运动时会选择一种综合性的训练方法，包括有氧运动、力量训练和伸展运动，以确保身体各部分都得到锻炼。

竞技体能则是专为专业运动员设计，目的是提高他们在特定体育项目中的身体动作表现。它着重于针对特定项目的需求进行专项训练，以达到最佳竞技状态。例如，短跑运动员可能需要进行爆发力训练以提高起跑速度；长跑运动员则需要进行耐力训练以保持长时间稳定的高速跑步。此外，竞技体能还可能包括特定功能性技能的训练，如高尔夫运动员的旋转能力。

健康体适能与竞技体能之间的根本区别在于后者的高度专项化和特定需求。这意味着为了在特定项目中取得优异成绩，运动员需要有针对性地进行大量的专项体能训练。而健康体适能则更注重整体健康和身体功能性，不需要过度强调某一方面的专项性。

对于那些只进行单一类型训练的人，如只做有氧运动或只追求大力量的人，他们可能忽略身体其他能力的发展。这不仅可能导致某些身体部位过度疲劳，还可能增加受伤的风险。因此，建议这部分人在专项爱好训练的同时，也要关注身体的其他方面，确保身体的整体健康和平衡。

总而言之，健康体适能和竞技体能都是体能训练的重要组成部分，但侧重点和目的有所不同。对大多数人而言，健康体适能是更为合适的选择，因为它旨在提高整体健康和功能性，而非追求某方面的极限。对专业运动员而言，竞技专项体能则是他们取得优异成绩的关键。在讨论运动和身体健康时，我们通常会想到自己偏好的运动或活动。例如，有些人可能非常喜欢跑步，尤其是马拉松，而有些人可能更喜欢其他运动。然而，无论我们的运动偏好如何，我们都需要确保自己的身体能够支撑这些活动，并预防可能出现的运动损伤。举例而言，马拉松跑者虽以长距离奔跑为主要目的，但是跑者也需要花时间去锻炼他们的下肢与核心力量。这不仅可以帮助他们提高跑步的效率，还可以预防跑步中可能出现的损伤，训练不仅限于跑步本身，而是包括综合性的核心力量增强。

　　对普通人而言，我们通常把能适应自己生活的身体健康标准称为体适能。体适能是指个体适应环境的能力，覆盖日常生活、工作、家庭及休闲活动。良好的体适能水平意味着身体可满足各类需求而无不适感。随着我们年龄的增长，生活状态和生理条件也会发生变化。如年长者仍需积极参与子女的体育或旅游活动，如果身体条件不允许，可能产生很大的压力。因此，我们需要确保身体状态能够适应我们的生活需求。

　　身体健康也会影响心理健康。当我们的身体处于健康状态时，心理调节能力也会得以增强。我们会在不同年龄段有不同的自信度，运动促进社交、家庭和工作能力的适应性，从而形成良性循环，进而增进心理健康。无论是职业运动员还是普通人，都需要重视身体健康。确保身体能够支持生活需求并预防运动损伤或退行性关节病变等问题。只有这样，我们才能真正享受我们的运动爱好，并保持健康的生活方式。

体适能训练涉及肌肉与关节活动，我们必须认识到无论哪个部位，它们的运动和活动都由人来控制。这意味着不同的肌肉和关节之间存在一些共同的运动特点和训练方法。然而，具体的训练手段和动作要因个体差异、运动项目或特定需求而有所不同。

以深蹲为例，这是一种常见的下肢训练动作，广泛应用于各种运动和健身领域。然而，在竞技体能训练中，深蹲的要求各不相同。例如，篮球运动员的深蹲训练可能与力量举重运动员或健身爱好者的深蹲训练有所不同。这是因为篮球运动员在比赛中需要快速发力，也不需要完全蹲下。他们需要在较短的时间内产生更大的力量，以便跳得更高。此外，篮球运动员还需要训练落地技巧，因为他们在比赛中可能遇到各种不同的落地情况，如单脚落地、双脚落地或旋转落地。这些落地技巧对于保护关节和避免受伤至关重要。因此，在训练深蹲时，篮球运动员需要关注如何在有限的关节活动范围内产生最大的力量，以及如何在不同情况下安全落地。

深蹲

　　对普通人而言，在进行深蹲训练时，我们需要考虑的因素可能与竞技运动员不同。我们需要关注关节的健康和肌肉能力。随着年龄的增长，关节可能出现退行性变化，因此在开始深蹲训练之前，我们需要评估关节的活动度和健康状况。如果感到疼痛，不建议继续进行训练，因为疼痛可能是身体发出的警告信号。此外我们还需要考虑个人的年龄和身体状况。例如，对于 50 岁以上的中年人，不建议一开始就进行完全深蹲训练，可以先从浅蹲开始，逐渐增加深度和重量，以便让身体适应这种运动。

普通人可以成为运动员吗？

运动员的优势在于综合体能表现，经过长年累月的训练，他们在动作表现上具有很大优势。因此，普通人不应该将自己视为职业运动员进行训练，这种动作记忆并非从小建立。在很多情况下，作为职业选手，体能系统需要从青少年时期开始建立。成年后，一个人的肌肉和关节特点已经形成，再建立职业专项体能的难度会很高。当然，这并不排除个别人可以通过刻苦训练，包括利用自己身体天赋来实现这一目标。

所谓的身体天赋，是由基因决定的身体耐损伤程度。这不仅仅与遗传基因有关，还与从小的饮食生活习惯有关。如果一个人从小有良好的运动习惯，基本的动作模式建立得比较好，且饮食习惯也健康，那么他已经具备先天条件。但是，如果这个人年少时没有选择职业运动道路，即使成年后对某项运动产生兴趣并希望达到高水平，他成为职业运动员的可能性也很小，因为他已错过黄金发展期。当然，与普通人相比，他可以做到接近职业的水平。有些项目，比如，马拉松跑者和骑行爱好者都有可能接近职业水平。

实际上，我在日常生活中遇到的潜在选手大多数都伴随着一些损伤。因为他们已经过了黄金发展能力的年龄，所以需要承受这些损伤。然而，为了追求自己的运动热情，他们愿意接受这些损伤。

我不鼓励大家有成为运动员的想法，对大多数人而言，将运动当作一种爱好是更为实际的选择。

无论是想减肥还是想通过体育锻炼来让身体达到更好状态的人，如果能从一开始就建立对一项运动的热爱和兴趣，也许可以更长时间地坚持下去，并有明确的目标去追求。因为很少有人真的愿意只在健身房训练，或是单纯觉得举铁很有意思。运动本身、体育比赛在英文里可以翻译成"game"，它就是游戏。对大多数人而言，只有好玩的、有趣的才能坚持，否则就是反人性的。很多人都不愿意动，不愿意动也是正常的想法。当一个人对某件事情感到兴奋和有趣时，就会更愿意投入更多的精力去参与其中。

如果你对拳击或搏击感兴趣，那么可以设定一个目标，即成为一名业余拳手。这样的目标可以提供一个清晰的方向，使一个人了解如何从零开始，逐步提高自己的技能，以达到最终目标。

在专业体育领域，明确目标同样重要。以格斗类项目为例，只要技能达到一定标准并通过测试，就可以获得参赛资格，无论年龄多大。这为有志于成为职业运动员的人提供了一条明确路径。然而并非所有运动都可以这样，团队运动如篮球、足球等通常要求从小接受系统训练。

虽然个人可以根据兴趣和天赋在某一方面有所侧重，但总体上应保持各项能力平衡，这样可以确保身体表现不仅在某一方面出色，而且在其他方面也不会过于薄弱。

总之，无论是为了健康、娱乐还是职业发展，建立明确的运动目标都非常有益。它可以帮助你更好地规划自己的训练计划，使努力更有方向性，并最终变成自己想要成为的模样。身体肌肉形态的发展也会随着专项动作模式的改变而改变。

我家孩子有运动天赋吗？

关于竞技体育天赋的评估，我们通常会综合考虑多个因素来判断个体是否具备成为专业运动员的潜质。这些因素不仅包括显著的身体条件，还涉及一些更为细微但同样重要的因素。

首先，要考虑身体硬件的条件特点，包括骨骼发育的优势。有些孩子从小就展现出比同龄人更强健的体格，走路姿态显得更有力量和弹性。这种先天身体优势显而易见，通常在孩子们参与体育活动时就能够被识别出来。例如，有些孩子在学校体育课测试中，即使没有经过多少训练，也能轻松获得高分。如果一个小学三年级的孩子已经能够达到甚至超过六年级孩子的体能标准，这无疑是其体育天赋的一个重要标志。

除身体硬件优势外，我们还需考虑孩子在运动过程中是否容易受伤。这涉及骨骼发育的匀速性和关节的稳定性。有些孩子由于关节较为松动，容易扭伤脚踝或膝盖。虽然在成长过程中偶尔出现膝盖疼痛是正常的，但是如果在运动中频繁受伤，这就可能指向稳定能力和动作模式的问题。这不仅关乎关节本身的损伤耐受度，还包括受伤后的恢复能力。这些都是评估孩子是否适合从事职业体育的重要因素。

在职业体育领域，这样的能力非常关键。我们可以观察到一些从小就开始训练的运动员具备相当大的优势。他们的饮食习惯和骨密度特点等都可能对他们的运动表现产生积极影响。例如，他们可能在骨折后愈合得更快，即使在经历了严重的受伤后，也能在短时间内回归并保持高水平的表现，这无疑是一种非凡天赋。

这种天赋并非普遍可见。在评估孩子是否适合从事职业体育时，通常在他们16岁之前做出判断，在这个年龄之前许多因素都可以变化。除了先天的身体素质之外，还有一些习惯和动作模式可以通过训练得到改善。通过从小培养正确的运动习惯和动作模式，可以逐渐纠正协调性发力和肌肉张力不平衡等问题。通过这样的训练，孩子们的天赋也会得到提升。最初可能需要通过反复强调和重复正确的动作来建立良好的习惯。随着时间的推移，正确的动作重复次数增多，孩子们就会逐渐形成自然的身体条件反射习惯。这样的运动习惯一旦形成，将会对他们未来的运动生涯产生深远的积极影响。

在体育运动中，天赋和年龄是两个关键因素。首先，一个人需要具备一定的天赋，至少达到50分才有可能在某个领域取得突破。其次，年龄也是一个重要因素，尤其对于青少年。如果一个人在 16 岁以后仍然表现平平，那么他可能没有机会在这个领域取得显著成就。因此，对热爱锻炼的青少年而言，了解这些因素非常重要。

许多家长希望自己的孩子在体育运动方面有所发展，这无疑是一件好事。让孩子参加体育运动不仅有益于他们的身体健康，还能培养他们的团队精神和毅力。当然，做到平衡学习和运动，不过于职业化也很重要。

减重的人如何开始运动？

想要通过运动来改变自己，首先需要了解自己的身体状况，这是非常重要的一步。你可以通过体检指标来了解自己是否存在心血管循环等健康问题。如果体检结果显示有问题，那么在开始运动之前，你需要监测心率，并且不要一开始就进行过大的运动量。这些都是从宏观上来讲的宽泛建议，具体细节需要根据个人的具体情况来调整。

在开始运动之前，请确保身体没有任何不适、疼痛、劳损等问题。如果没有这些问题，那么就可以选择科学的运动方式。但是，如果有这些问题，我们需要先解决它们并寻求专业的帮助。每个人的身体状况和需求都是独特的，因此解决身体舒适度的方法可能因个体差异而异。

使用筋膜枪

其次，了解体脂现状对于评估健康状况和是否需要减肥也非常重要。普通人会时常感受到自己的不舒服，这种直观感觉体现在哪里容易不舒服、哪里容易更紧张、哪里容易更疲劳，通常这也是你对自己身材最不满意的地方。如果局部出现问题，脂肪代谢循环功能就会比其他地方慢，问题也会更严重。有些人四肢会消瘦，腹部容易堆积脂肪。除了喝酒、糖尿病症本身以外的内脏脂肪堆积问题，我们应该先多关注腰椎、髋和骨盆是否舒适，可以先通过灵活性及主动放松的训练方式去解决。

对大多数人而言，许多常见的身体问题可以自我解决。由于某个地方产生不平衡导致整体肌张力不平衡，从而引发疲劳、慢性劳损，甚至疼痛。重新平衡肌张力的道理很简单，即解除错误的紧张，并重新建立有利于错误放松的软组织肌肉力量，实现肌张力平衡。

我们可以借助工具进行自我按摩和放松，例如，使用筋膜球、泡沫轴或筋膜枪等。如果你了解如何使用筋膜枪，那么你完全可以自行研究并利用它，因为其使用方法并不复杂且相对安全。它既可以有效梳理原组织，也可以作为拉伸训练前的激活工具。同样地，如果你练习瑜伽，那么不应该仅仅将其视为一种拉伸运动，因为瑜伽不仅仅是关于拉伸的课程。我们进行伸展训练的目的是让人体感到舒适，而非过度拉伸。实际上，我们的肌肉具有很好的伸缩性，而与之相邻的韧带则只能伸缩3%到5%。

比如，一些人圆肩驼背，错误紧张的部位可能在前侧胸小肌、中上斜方肌、斜角肌。稳定肩胛的背部又松弛无力，力量不够的部位可能在菱形肌、背阔肌。肌腱断裂和跟腱断裂的损伤通常由于肌肉伸展能力不足、疲劳过度以及电解质失衡等因素导致承受过大的应力。因此，与其过度锻炼导致肌腱损伤，不如适当进行肌肉拉伸的训练，这样不仅能有效预防损伤，还可以使锻炼后的肌肉恢复速度更快。

某些更复杂的康复问题可能需要寻求专业人士的帮助。康复问题普遍存在于许多人之中，我们需要在开始正式运动减肥前，优先发现并解决这些问题。很多人由于长时间站立、走路驼背等不良姿势，导致身体很多的不平衡和运动损伤，这就需要先进行康复训练来纠正。

基础篇：
"万事开头难"，开始运动时优先解决问题原则

在开始锻炼时，我们应该首先关注身体的平衡和健康，特别是要重视那些在日常生活中不常使用或被忽视的深层肌肉群。通过逐步增加难度和强度，我们可以确保身体的整体健康和功能性，从而在日常活动中表现出更好的稳定性和力量。

毅力 vs 名师，如何选择教练？

对那些想要通过运动来改善健康状况的人而言，如何开始运动非常重要。这个问题不仅适用于普通人，也适用于教练。很多热爱运动的人可能会在外面请教练，如果是一对一的私人教练，你应该询问教练第一次带你做这些锻炼背后的原因。如果你之前从未锻炼过，为什么第一次练习腿部？这是最容易、最简单的开始，还是教练基于对你身体状况了解后的选择？如果最简单的动作都做不了，他也能帮你，那就是让人放心的教练。

身体的感受自己知道。作为一个基本专业的教练，我认为他应该告诉你一个动作该如何用力以及我们如何才能做到位，虽然可能你在做的时候也很努力，但是做不到或者做的时候身

体不舒服，不会发力，这就需要专业的人帮你去解决具体问题。作为学生要及时与老师沟通，当老师听到你反馈的问题的时候，他应该可以快速给出解决方法。

对一个专业教练而言，教一个骨子里就不爱运动的人，你如何让他喜欢运动？教练需要结合运动的基本原理和知识，理论上不能出错，同时需要考虑调动情绪的形式，这两者都非常重要。并非仅凭知识就能教好一个人。一个好的教练不仅需要具备丰富的理论知识和技能，还需要具备沟通能力，他们需要了解每个学员的需求和受到的限制，并根据这些信息制订个性化的训练计划。此外，他们还需要激发学员的兴趣和动力，帮助他们克服困难和挑战。只有这样，才能真正帮助学员实现他们的健身目标。

每个人的身体状况和需求都是独特的。因此在开始任何形式的训练之前，评估和建立基础能力至关重要。这可以帮助我们了解自己的身体状况，确定适合自己的训练方式，避免受伤。

例如，深蹲是一个基本且非常重要的动作，并非每个人都能立即掌握正确的深蹲技巧。有些人可能由于身体条件限制或者曾经受过伤而难以正确执行深蹲。在这种情况下，专业教练可以通过观察和测试发现个人的问题并提供相应解决方案。他们可能建议进行一些基础训练，如放松肌肉，提高身体的灵活性，增强特定部位的力量，以及提高核心稳定性。

此外，肩关节活动度也是一个重要考量因素。我们需要确定问题是出在肩胛稳定性不足还是肩部本身承受能力不足。有些人可能在使用空杆时表现得很好，但是一旦增加负重就无法正确执行动作。这就体现了基础核心稳定训练的重要性。

即使是掌握了基本技术，也不能立即掌握高难度动作。比如，高翻动作是一种需要将下半身的力量快速通过核心以爆发的形式传递到上半身的复杂动作。这不仅仅是简单地向上提动，而是需要在瞬间达到整体协调传导发力的平衡以帮助完成动作。许多运动员通过练习高翻来提高弹跳能力等各方面的表现。这首先需要具备硬拉和半蹲的能力，因为这些是高翻动作的基础。在掌握了硬拉和半蹲的动作模式之后，再在这些基础上进行二次协调发力。这也是专业角度上通常说的拆分与整合训练。

在选择运动项目时，应该先明确自己的目标是否与该项目相符。一旦确定，所有运动员的训练原则都大致相同。应从最基础的训练开始，比如跑步。如果你想通过跑步来减脂，那么是否需要一开始就跑 5 千米还是先从掌握正确的跑步姿势开始？如果一个人通过体检发现自己的肺活量不佳，那么应该选择从快走或跳绳爬楼等活动开始以提高肺活量。直接跑 5 千米可能会使心跳超过正常范围，对膝关节也会产生损伤。

跑步后小腿酸胀可能是远端代偿不足，近端没有形成有效的动力链条。有效的动力链条应该如鞭子一样，由髋部主导，然后依次带动膝和踝，每次跑动都能良好减震和重复协调衔接发力。即使是在跑步机上，体重相同的人跑起来的声音也可能不同，这取决于他们的跑步技术和身体肌肉发力习惯。

因此，我们应该先训练顺畅的动力发力能力、加强核心稳定性，并学会控制自己的身体，然后逐步增加动作的负荷，提升负重能力。选择合适的训练方式意味着了解不同的训练方法，并寻找最适合自身的方案。尝试的前提是无痛感，并能在基础训练过程中感受到身体的舒适程度和体能有所改善。

例如，如果医生建议我进行锻炼，但是无法跟上团队训练课的节奏，那么我可以选择一个私人教练来进行一个月的基础训练。这样我的动作会逐渐改善，每次训练后，我的身体都会感觉更加舒适，体态也会有所改善。

最后，过于单一的运动可能导致身体状态长期处于初级水平，因此，我们需要不断挑战自我，探索新的训练方法。为了提升体能和技能，除了参与特定运动项目外，还需进行附加的体能、功能性核心训练等。这些问题都需要我们在训练过程中不断思考和探索。

如何有效燃脂？

对普通人而言，保持健康的标准是每周至少进行150分钟的运动。这个标准是一个很好的参考，并非唯一的选择。实际上，只要我们能合理地安排运动形式和强度，每天进行体育锻炼也是可行的。

如果我们每天都进行运动，那么需要确保运动的多样性和交叉性。因为每天做同样的高强度训练会给身体带来过大负担。一般而言，建议每周进行高强度运动的次数不应超过4次，并且需要给身体足够的休息时间来恢复。如果我们进行的是中低强度的运动，那么我们可以每天进行，甚至一天多次，因为这样的运动对身体负担较小，恢复速度也更快，但还要根据自己实际的体能水平而定。

有效的运动并不在于时间的长短，而在于我们在单位时间内的运动效率。例如，HIIT（高强度间歇训练）就是一种非常有效的燃脂运动方式，它通过短时间内的高强度运动和较短间歇的交替，能够在短时间内迅速提高身体的能量消耗，并且在结束运动后的一段时间内脂肪会持续供能消耗。

对大多数人而言，我建议先从功能性力量训练开始，包括一些基本的动作模式和户外活动。如果我们能够通过运动来改变自己，那么最好的方式就是培养自己的运动爱好。例如你觉得打网球的女孩特别漂亮，因此想要学好网球。如果有朋友可以一起运动，那就更好了。最初，我们可以找一个教练，每周打几次。有了这样的运动爱好，我们就可以更好地坚持运动，兴趣是最好的老师。

对想要减肥和塑造脸型的人而言，我们需要采取一种持久有效的方式来达到目标。虽然这可能需要一些时间和耐心，但最终会取得令人满意的效果。科学的速度是每个月减重 3.5 ~ 6 千克，其中脂肪比例最好保持在 60% 以上。对那些没有强烈减肥需求的人而言，他们仍然需要保持一定的肌肉量并进行力量训练。

有氧运动也不应过量，以免对身体造成负担。有些人可能选择每天跑 10 千米甚至马拉松来锻炼身体，这种长时间的耐力性运动可能导致某些问题。因此，我们需要合理地安排运动计划，确保身体的健康。例如，经常进行长跑的女性可以补充力量训练，多进行力量训练可以帮助我们保持肌肉能力。

随着瘦体重的增加，我们的身体会增强锁住胶原蛋白的能力。饮水的适量和适度非常重要。蛋白质种类繁多，除了动物性蛋白，还有植物蛋白，像西蓝花、紫甘蓝等富含蛋白质的植物或豆类蛋白。此外，鸡蛋、鸡肉、牛羊肉等都是很好的蛋白质来源，不过度食用动物内脏即可。

当我们的身体变得很健康后，我们需要寻找新的目标来维持身体的运动。动力和目标非常重要，它们可以帮助我们真正喜欢运动。即使不能完美地达到目标，也总比没有任何改变要好。在这个过程中，我们必须不断探索和了解自己。

基础动作模式及训练优先原则

在开始任何形式的运动之前，建立稳定的能力和平衡的能力是基础。从身体的角度而言，这包括前后平衡、左右侧向平衡、对侧平衡和旋转平衡。建议每个人都了解各个关节的使用特点，因为在身体动作表现中，身体各关节的动力链极为重要，每个关节都有其独特的功能和使用方式。这些都是我们需要关注和解决的问题。虽然人体结构复杂，但理解其基本原理并不困难。我们无须深入了解每个部位的详细解剖结构，许多身体部位都可以直接触摸和看到。

人体的特点是根据稳定性和灵活性的排布来设计，只有当稳定性和灵活性相邻并相连时，身体才能展现出更高效的运动能力，做同样动作的训练也会事半功倍。

身体活动度是运动训练中不可忽视的环节！

以脊椎为例，人体的脊柱具有很高的灵活性同时也需要很好的稳定性，能够进行前后屈伸、左右旋转等动作。这些动作在日常生活和运动中起到了稳定作用。例如，当我们跑步时，头部的稳定性对于保持身体平衡至关重要。如果头部不稳定，我们就无法顺利地跑步。许多小孩在学习跑步时总是左摇右晃，这是因为他们的头部或骨盆稳定性还不够。同样，学习舞蹈或跳舞的人在做旋转动作时，如果头部不稳定，就会失去平衡。但如果头部保持稳定，他们就更容易找到平衡点。

此外，颈椎在受到应力性外力的撞击时也起到了保护作用。如果颈椎能够很好地保持稳定，摩托车头盔就能有效地保护头部。为了确保头部安全，周围的肌肉必须能够有效地稳定颈椎，稳定性和灵活性共同作用。

胸椎在保持稳定性的同时，也需要有一定的灵活性，尤其是在旋转方面。健康胸椎的旋转角度应该在 45 度或更高。相比之下，腰椎的旋转角度较小，最多只能达到 15 度。许多人在做扭转动作时，往往过度依赖腰部的活动，这不仅对腰椎间盘造

扭转 ▶▶▶

成压力，还可能导致胸椎过于僵硬。因此，我们应该更多地利用胸椎的旋转角度来进行扭转，而非仅依靠腰部的力量。否则可能导致骨盆错位，影响身体的正常结构。

在进行瑜伽或其他需要手臂提供稳定支撑动作时，与胸椎相邻的肩胛骨需要提供稳定性。稳定性指肩胛骨在正常生理范围内维持其位置，避免不必要的移动。然而，超出正常范围的活动性可能损害肩胛骨的下回旋、内收这些稳定机制，导致肩关节疼痛或肩损伤等问题。

肩关节应具备更大的灵活性和活动度。随年龄增长，肩关节的功能退化往往反映周围肌肉功能的降低。例如，50岁人群抬手时可能感到困难。前屈角度应超越头部，如果活动度过低，可能导致疼痛及活动受限。肘、腕以及掌指关节需同时保持稳定性与灵活性。

髋关节需要灵活，而膝关节则更多主导稳定。如果髋关节不灵活，那么膝关节就需要承担过多的灵活性工作。过度的扭转及侧向压力可导致膝关节问题及活动风险。膝关节主要进行前后屈伸运动，不应承受过多扭转。尽管骨骼具有一定滑动能力，但仍存在角度限制。若踝关节僵硬，将影响足部屈曲和旋转，进而引发与其相邻的膝部活动代偿问题。同样，如果髋关节活动受限，也可能导致依赖膝关节完成侧屈和旋转这些角度的应力，增加受伤风险。

许多人在做深蹲时容易伤到膝关节，由于髋屈活动度或足

脊柱运动

背屈受限。如果试图达到更低的深蹲角度，就需要依靠其他部位的代偿，这无疑会增加受伤的风险。因此，当涉及运动和身体训练时，了解自身关节和肌肉的特点至关重要。由于人体的生理结构复杂多变，不同个体之间在身材比例、关节活动范围等方面存在差异。因此，在制订个人的训练计划时，必须考虑到这些因素以确保安全有效地进行锻炼。

对于足背区活动受限者，执行深蹲等动作时，可能需要调整下蹲幅度或用工具辅助以减轻踝关节压力。如通过垫高脚跟提供额外支持。讨论运动和训练时，理解身体各部分功能和相互作用至关重要，尤其在遇到潜在问题或疼痛时。若问题源于髋关节或腰椎受限，调整负重位置和限制下蹲幅度也尤为重要。

将重量置于体前可有效减少对髋关节和腰椎的压力和负担，一定程度上可降低受伤风险。

脊柱周边深层和表层肌肉的运动训练，主要是为了保证上下肢肌肉连接的和谐关系。这种和谐确保了每个关节都能在其最佳状态下运作，并且周围的肌肉也能为其提供最佳的支持和控制。这种整体驱动的方法不仅确保了运动的流畅性，还确保了运动的效果。

这种整体方法是我们在《我只活一次》纪录片第一集中强调的关键概念，也是贾玲导演刚开始需要进行的训练逻辑主导。运动和训练的设计逻辑是基于每个人的实际情况，而非凭空想象。

怎么预防运动损伤？

在开始任何新的或复杂的运动之前，进行损伤预防训练非常必要。这种训练不仅可以帮助我们调整身体的舒适度，还可以确保各个肌肉群之间的平衡与良好协同性，从而大大降低受伤的风险。通过损伤预防训练，我们不仅能够更深入地了解自己身体的弱点，还能更容易地找到解决这些问题的方法。

损伤预防训练还可能带来其他健康益处。例如，增强脂肪代谢功能，从而有助于减少局部肥胖。当我们在训练后感到某个部位酸痛，这实际上是一个信号，告诉我们那里的软组织肌肉收缩是有效的。同时它也是一个警告，提示我们那里可能存在问题。如果在深蹲后感到背部酸痛，那么这意味着可能腰背部存在问题。

为确保运动和训练有效且安全，我们需要明确我们的优先原则，并针对上述提到的问题进行调整。对于从未进行过运动的人，建议从基础损伤预防训练开始，如使用泡沫轴进行松解和利用弹力带协助拉伸的训练，或者针对特定的弱点进行功能力量训练。

总体而言，了解自己的关节和肌肉的特点以及如何根据这些特点进行适当的训练是确保运动安全和有效的关键。通过损伤预防训练和深入了解自己的问题，我们可以更容易地找到适合自己的解决方案，并在运动中取得更好的效果。每个动作和活动都能提供一定的能量消耗，一旦我们找到了解决问题的关键，其他的挑战就会变得容易应对。

事半功倍的训练逻辑

我们要理解的健康训练逻辑是：从近到远，从后到前，从下到上。这意味着我们需要先关注那些离躯干骨盆近的部位，再关注那些离躯干骨盆远的部位。我们需要先着重身体的背侧肌肉，再关注前侧肌肉。同样需要先重视身体的下肢肌肉能力，再考虑上肢能力。这样的逻辑确保了我们的优先训练改善原则是健康的，可以做到有条不紊和有效性。

普通人开始锻炼时，有些重要的事项需要注意。需要强调的是，动作能力的重要性永远大于肌肉负荷能力。在开始锻炼之前，我们应该先锻炼好自己的动作能力。以深蹲为例，我们不应急于增加负荷，也不应急于发展爆发力和负重能力。我们应该先把深蹲动作做好，从徒手深蹲开始。

当我们的动作能力足够好时，身体不会产生损伤，关节活动也不会产生其他肌肉代偿。核心稳定能力也会在运动过程中得到很好地锻炼。当我们具备这些能力后，可以逐渐开始锻炼基本的肌肉能力和负重能力。

对普通人而言，健康力量水平的标准是能够承受一倍体重的负重能力，包括蹲、推和拉的能力。例如，拉的能力，硬拉也叫下肢的拉。具备一倍体重的能力，就是能做 2 ~ 4 个的硬拉标准，女性也最好是可以达到接近体重的力量水平。

因此，我们可以将健身力量平衡的发展标准以一倍体重作为目标。一些对抗项目的高水平竞技运动员则需具有多出体重至少 1.5 倍或更高肌肉力量能力，以产生更大的功率并具备必要的离心缓冲能力。因此，他们须符合更高的身体条件标准，比如，女性排球或篮球运动员的深蹲力量至少需达到 1.3 倍体重的负荷能力，同项目男性运动员则需至少超过 1.5 倍体重的负荷能力。顶尖运动员甚至需在 2 倍至 3 倍体重的负荷下训练，以培养卓越的爆发力。

在这个过程中，正确的动作练习比单纯的肌肉强化更为关键。多数健身爱好者都会执行卧推，这个动作与俯卧撑相似，均属于推力训练范畴。关键在于避免过度依赖远端肌肉群，导致不必要的代偿现象。近端大肌肉群，尤其是胸大肌，应为此类推力训练的主要发力部位。尽管手臂肌肉也会参与工作，但应由近端带动远端的发力顺序以避免肩关节损伤。它是以这种大肌群的发力为主导，所以先练好动作模式和动作发力能力是最重要的。

第一步先学会发力！

对大多数零基础的人而言，首先需要学习正确的技巧，包括力量训练和各种运动形式的动作模式技巧。掌握这些技巧后，可以进一步发展自己的能力。

例如，跳绳和跑步似乎谁都会。长时间缺乏锻炼的成人在开始这些活动前，仍需重新学习正确技巧。虽然跳绳和跑步很简单，但是如果跑姿和跳绳的发力有问题，可能起到的效果不会太好。更糟糕的情况是起到相反的效果，比如伤到膝关节或者使小腿过于粗壮；因为远端主导过多近端稳定又不足，使髋关节的活动能力有限等。所以在开始锻炼时，一定要注意这些事项，以免造成不必要的伤害。核心的不稳定性在运动中也很有可能导致腰部不适和腰椎损伤。

泡沫轴

硬拉

卧推

其次，学会让身体适应运动并将其融入日常生活也非常重要。包括培养良好的恢复能力。运动不仅仅是为了改变体形，更重要的是让身体感觉更加舒适。适度的疲劳是运动过程中的正常现象，关键在于学会从疲劳中恢复并控制恢复的程度。

过度疲劳可能导致身体各方面水平的下降，包括精神状态、体重反弹和代谢降低等。因此，了解自己的身体状况并学会感受适合自己的运动量是非常重要的。正常的肌肉锻炼后会有一些轻微的炎症，这是修复过程中的正常现象。但如果长期过度锻炼导致严重肌肉炎症则会对身体不利。

因此，适度的运动非常重要，合适的运动量也是科学运动的一部分。我们需要了解自己的身体并采取适当的恢复措施，如主动休息和恢复性训练。进行一次完整的长时间有效拉伸训练，或在完成大重量训练后进行散步或慢跑等都是主动恢复的手段之一。

　　总之，运动不仅仅是为了减肥，更重要的是让身体感觉更加舒适和健康。通过学习正确的技巧、控制运动量和采取适当的恢复措施，我们可以更好地享受运动带来的好处。自我修复是身体恢复的重要手段之一，它包括休息和睡眠、营养补充和有效的放松。然而，要实现全面的恢复，我们需要综合运用各种方法。主动的放松、主动的拉伸以及低强度的运动，如慢跑，都是有效的恢复方式。通过这些运动方式，我们可以更好地帮助身体恢复。

　　在训练过程中应注意适当休息和恢复。如果一味追求高强度训练而不给身体足够时间来修复和恢复，那么很可能造成过度疲劳和受伤。因此，在制订训练计划时应该注意合理安排休息时间，并且注意身体信号，及时调整训练强度和频率。在开始锻炼时，很多人容易陷入误区，认为一开始就应该掌握所有内容，在某一天内过度锻炼，导致身体受损。尽管有毅力的人可能坚持下来，但随着体能的提高，体重却停滞不前。对减肥者而言，这是一个需要巧妙应对的问题。我们要善于利用身体的发展规律，有时放慢脚步反而能取得更好的效果，要保持生理的舒适性和舒适度。

教你怎么练出好身材！

对不爱运动的人而言，通过运动减肥确实是一种苦修。这种苦包括精神上的压抑和肉体上的不适。这种过程是不可避免的。因此，需要先给自己一个心理上的良好暗示和建设，了解运动后会产生什么样的身体反应。短暂的痛苦过后，我们会感受到身体的舒适程度比以前更好，睡眠质量也会有所提高，这样才更容易坚持下去。

任何正确的事情都需要经历苦乐参半的过程。学会理解和接受这种苦是很重要的。对于忍受度较低的人，建议从一开始循序渐进地进行锻炼，避免让自己过于痛苦，但一定要细水长流。对于有毅力的人，可以适当加大锻炼强度，但要记住学会休息和遵循身体的良性发展规律。

有些人可能选择高强度的训练和严格的饮食控制，这很可能导致他们的心理状态提前崩溃。因此在追求健康和减肥的过程中，我们要学会正确地走路，综合运用各种方法，让心理和身体都能更好地适应和接受这个过程。讨论动作模式学习和技巧掌握时，我们通常指的是通过指导和练习来改善运动技能或日常生活中的动作习惯。然而当一个人发展出不正确的姿势或习惯时，并不一定意味着他们不知道如何正确地执行动作。例如，对于深蹲动作不准确的个体，在学习正确深蹲技巧后，往往能够迅速理解并了解如何执行。问题通常分为以下两个层面：

1. 初学者仅缺乏恰当的动作习惯，而身体本身无显著问题。通过学习精确的技巧，此类人群通常能够快速改善。

2. 长期缺乏锻炼的个体，其身体可能发展出肌肉张力不平衡，进而导致不良姿势习惯的形成。在这种情况下，单纯的矫正措施可能效果有限，因为不良习惯可能是由身体结构失衡引起的。

不良姿势习惯可能是问题的起点，这会导致肌肉的不平衡。试图直接强行改变这些习惯可能给个体带来心理和生理压力。举例来说，调整走路时的发力方式、髋部摆动，以及在慢跑时应使用的髋部肌肉群等，都需要细致地调整。如果察觉到自己在动作执行中存在活动范围的问题，可以通过伸展放松等方式进行改善，这有助于增加身体的灵活性。正确的走路姿势在日常生活中非常重要。例如，锻炼背部力量可以帮助平衡前后肌肉张力，使身体更加挺拔，日常生活中的驼背习惯也可以被纠正。生活时间比锻炼时间长得多，不能仅仅依赖锻炼来改善体态，日常生活中也需要注意姿势才能实现真正的改变。否则一边锻炼一边在生活中维持不良姿势，两者的效果可能相互抵消。如果锻炼强度不够，就更无法克服日常生活中的不良姿势惯性。

动作模式和专项动作特点是决定一个人动作和肌肉形态特点的关键因素。这是我强调的闭环逻辑，也是我指导训练的基础逻辑。对于那些想要改变身体外形的人，无论是为了减肥还是为了让体形更加美观，我通常会问他们一个问题：你喜欢哪种运动员的身材？

有些人可能希望自己的身体更加强壮，喜欢肌肉线条分明的外观。这样的对话有助于了解他们的目标，并根据这些目标来制订合适的训练计划。从训练初期开始，便会建立特定的专项动作模式特点，包括体能特点，如肌肉的发展，最终将逐步趋向于特定的肌肉形态，因为这是由专项动作模式所决定的肌肉发展形态。虽然在体能要求标准时不需要非常竞技的标准，但是动作模式和肌肉能力可以借鉴。因为很多减重后的人相对瘦弱，肌肉形态不理想，所以我们在制订体能要求标准时可以提前考虑这个因素。

运动的形式多种多样，训练动作也五花八门。我们通常会考虑那些高强度、高难度的训练项目。除了急性损伤，几乎所有的损伤都是由于长期错误的代偿发力引起的。虽然表面看起来很厉害，但是实际上仍在代偿。这种情况专业的教练能够看出来，自己也能感受到。关键在于如何将动作正确应用于特定情境以发挥最佳作用，而非纠结于运动形式本身。因此，应寻找最适合当前自身状况的运动方式和动作，以解决主要问题。

例如，对那些日常没有疼痛、身体活动度不佳的人而言，他们可能天生肌肉弹性不佳，最初并没有明显的问题。建议这类人群最开始可以尝试一些瑜伽练习。下面我们就拿瑜伽运动举例。

瑜伽训练分为四个阶段。第一阶段时，不要强求自己完成整个体式，可以只做一半或站着、坐着进行。通过变换体式的位置，可以有效地打开那些较为紧张的关节，提高其活动能力。同时在肌肉张力不足的地方，可以通过呼吸配合来进行有效的调整。

当身体逐渐打开进入第二阶段时，大部分练习瑜伽的人可能只停留在第一阶段，无法进入第二阶段。第二阶段的训练通常被误认为柔韧性训练，很多人认为要完成更高难度的体式需要具备更好的伸展度。实际上，第二阶段的训练更需要内观力，即从内而外的力度。只有深层肌肉具备良好的控制，才能使体式更加轻松，而不是单纯依靠表面的拉伸蛮力。否则过度用力可能使肌肉拉伤或损伤关节。

例如，在做后弯动作时，大腿后侧的股二头肌和臀肌非常重要。它们的收紧和核心深层肌肉结合有助于通过呼吸引领活动度，而不是单一靠背部使劲弯曲。

第三阶段是内力整合。通过不同体式的变化和衔接，整合内力需要将这些通过呼吸串联起来，做到从一开始的局部引领到一个体式单独完成第三阶段的整合。通过呼吸来调动深层肌肉。这种激活是至关重要的，因为它为我们的身体提供了稳定性和控制能力。

第四阶段是瑜伽整合能力，很少有人走到第四阶段，即精神和意志引领呼吸，这时候呼吸的引领和动作的整合是非常自然的。

无论是瑜伽、深蹲还是其他运动形式，正确的基础动作模式都至关重要。任何形式的运动都无法脱离基础动作模式的能力。为了在体育锻炼中实现最佳成效并避免因技术失误而受伤，建立基础力量是至关重要的。

基础力量动作模式是普通人训练的开始。在专业运动员中，无论是打篮球、网球、举重还是跳水等，都需要具备基础力量，只是基础力量要求标准不同。基础力量动作模式大致分为：双腿蹲、单腿蹲（又称弓步）、屈、伸、推、拉以及旋转动作。这些基本动作模式并非每个人都需要达到完美状态，但应争取做到平衡统一。

个人达到基本健康活动标准后，应基于自身的具体体能和运动目标来决定是否需要进一步完善某项能力。例如，高尔夫和网球运动员可能更需关注胸椎的旋转能力，而对于矢状面单腿蹲能力的关注则相对减少，只要双腿蹲能力达标即可。高尔夫球员需在平衡状态下进行操作，这与他们的专项要求紧密相关。

对普通人而言，追求各方面能力的平衡比单项能力的极致更为重要。在锻炼过程中，我们往往关注那些容易观察和感受到的大型肌肉群，如胸肌、背肌和四肢肌肉。然而，为了确保身体的整体健康和均衡，我们同样需要重视那些不那么显眼但功能至关重要的深层肌肉群。这些肌肉主要位于身体的近端，即躯干和骨盆中心，它们在维持身体稳定性和正确姿势方面起着关键作用。

基础动作模式：弓步

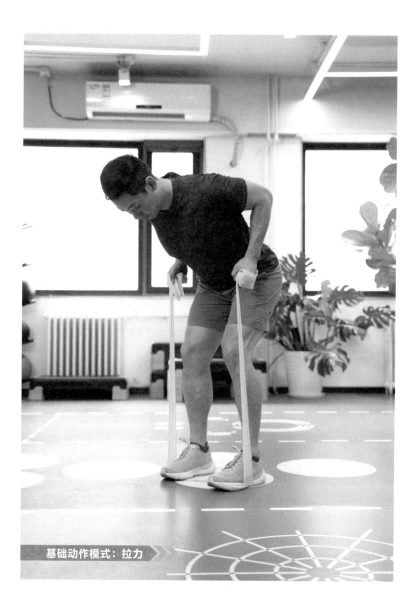

基础动作模式：拉力

基础动作模式：屈 >>>

基础动作模式：伸 >>>

120

基础动作模式：双腿蹲

基础动作模式：推力

基础动作模式：旋转 >>>

运动前先评估！

在开始任何锻炼计划之前，进行全面的身体评估是至关重要的，以确定哪些区域的肌肉需要加强。由于日常活动中前屈位动作较多，后伸位活动较少，大多数人的后侧肌肉群相对较弱，这就需要我们在锻炼时优先强化后侧能力，即"先后侧"原则，然后根据前侧情况决定是否需要相应的平衡和加强。

核心肌群是身体的重要区域，包括腹部、背部和骨盆周边的深层肌肉。在锻炼这些肌肉时，我们应该先从提高深层稳定能力开始，而不是急于增加负荷能力。例如，如果腹部缺乏力量，即使是简单的卷腹动作也可能难以正确执行。因此，我们应该先掌握控制自己身体的能力，再逐步增加难度。

平板支撑是一种有效的核心训练动作，如果没有足够的力量来稳定身体，即使坚持10秒钟也可能导致腰部酸痛和代偿。因此，我们应该专注于练习那些能够激活深层肌肉的动作，而不是仅仅关注表层的腹直肌等。

在针对核心肌群的训练中，无须立即执行如硬拉等负重练习。相反，我们可以先从一些简单但有效的动作开始，例如，蚌式、鸟狗式、侧支撑或腹轮滚动等。这些动作可以帮助我们建立核心稳定性和力量，为后续更复杂、更有强度的训练打下坚实的基础。

基础动作模式：平板支撑

基础动作模式：侧支撑

基础动作模式：飞鸟

基础动作模式：腹部滚轮

基础动作模式：臀桥

125

基础动作模式：推举

　　说到核心肌群，我们还需要关注一些容易被忽略的肌肉。例如，臀部肌肉和股二头肌在维持身体稳定性和运动能力方面起着关键作用。因此，我们应该通过深蹲、臀桥或单腿臀桥等动作来加强臀部肌肉和股二头肌的力量和稳定性。

　　另外，肩胛周边肌肉也是容易被忽视的一个区域。强大的肩胛背部肌肉可以帮助我们保持正确的姿势，并提高上肢的运动能力。因此，我们应该通过后拉、肩外展、下拉和肩外旋等动作来加强肩胛背部肌肉的力量和稳定性。为确保身体的整体健康和平衡，我们需要重视所有重要的肌肉群，并通过适当的训练来加强它们。只有这样，我们才能真正发挥出身体的最大

基础动作模式：引体向上 ▶▶▶

潜力，并享受到真正健康和强壮的身体带来的好处。

我们常被各种复杂的运动和训练方法所吸引。然而真正重要的是回归基础，关注身体的核心部分。核心能力是我们身体的基石，在我们进行各种复杂动作时发挥着关键作用。例如，当我们进行负重深蹲时，如果我们的核心能力和骨盆不稳定，我们的身体就很容易失去平衡，从而导致受伤。因此在进行这些复杂动作之前，我们需要确保我们的核心能力和骨盆稳定。

基础核心练习是提高核心能力的最佳方法。对那些从未进行过锻炼的人而言，可以从简单的平板支撑这样的动作开始。虽然这种运动看似简单，但实际上能够有效地激活我们的核心肌肉。即使心跳加快，持续时间也不长，哪怕一开始只能做 10 秒钟，之后休息 20 秒，再次进行 10 秒的练习。这种训练方式的逻辑是为了逐步增强肌肉，而不是为了减脂。在这个过程中如果想同时有些减脂效果，我们可以结合其他活动，如踏步走以保持心率。休息 20 秒的时间就用来做原地踏步，然后进行 10 秒平板支撑的练习，这是相对简单好理解的基本训练逻辑。

　　具体的训练计划应该根据个人的情况进行个性化调整，以确保稳定性和控制身体的能力得到最有效、最快速地提升。

进阶篇：
训练进阶性原则与常见运动形式的选择

对那些想要让自己的综合健康和体形更加完美的人来说，进一步提高体能水平是必要的，完成基础训练后进入进阶阶段是一个自然的过程。在第一阶段，基本运动能力和动作模式已经建立了坚实的基础，掌握了正确的动作技巧，并且具备了一定的体能和力量水平。此时，他们可以根据自己的目标和需求来选择更高级的运动形式和训练方法。

在选择进阶运动形式时，应该考虑以下几个因素。

1. 目标：明确自己的训练目标（体形目标和运动项目爱好综合考虑），是增加肌肉力量，提高耐力，增加肌肉体积，还是提高运动表现。

2. 运动项目兴趣的建立：选择自己感兴趣的运动形式，这样更容易坚持下去并享受训练过程。

3. 适应性：选择适合自己的运动形式，考虑自己的身体条件、健康状况和运动经验。

4. 可行性：考虑自己的时间、经济条件和训练场地等因素，选择可行的运动形式。

常见的进阶运动形式包括举重、高强度间歇训练（HIIT）、CrossFit、功能性训练等。这些运动形式可以提高身体的力量、速度、灵活性和协调性等方面的能力。

在进行进阶训练时，还需要注意以下几点。

1. 保持适当的休息和恢复：进阶训练通常强度较大，需要给身体足够的时间来恢复和适应。

2. 逐渐增大训练强度：不要急于求成，应该逐渐增大训练强度和难度，以避免受伤。

3. 注重技巧和姿势：在进行任何运动形式时，都应该注重正确的技巧和姿势，以确保安全和有效性。

4. 寻求专业指导：如果有条件的话，可以寻求专业教练的指导和建议，以确保训练的正确性和效果。

总之，在进阶阶段，个人可以根据自己的目标和需求选择适合自己的运动形式和训练方法。通过持续训练和体能提升，可以实现更高的运动表现和健康水平。

在这个过程中，我们通常会遇到一个问题：我们应该选择什么样的训练类型作为标准？我认为功能性训练是非常重要的一部分。当你的基础力量发展到一定程度后，就需要具备良好的多种形式的多关节联动的功能性力量。

功能性力量是指身体能够在日常生活和复杂的运动项目中进行各种活动的肌肉输出能力。如果你没有明确的专项运动爱好，那么功能性训练可以帮助你的身体变得更加平衡；如果你有明确的运动项目爱好，比如，网球、羽毛球，那么功能性力量的提升可以帮助你更好地适应运动项目体能需求和技能。这种训练通常包括多关节协调传导、多单侧协调稳定和良好的缓冲保护等功能，帮助理解身体各部位的功能特性与使用。许多功能性训练的动作来源于日常生活，像伐木、锄地等，这些活动涉及全身灵活性发力和旋转功能等方面。

为什么我们要去健身房？

我们需要思考一个问题：为什么现代人需要健身？为什么有健身房的存在？为什么我们需要额外的健身活动来保持身体健康？答案是随着时代和科技的发展，很多原本需要身体参与的活动都被代替了。比如，现在大多数人有车可以代替步行，有电梯可以代替爬楼梯。这些便利的设备虽然让我们的生活更加舒适，但也使我们的身体活动能力减弱，导致肌肉功能性降低。

不仅如此，过早的肌肉功能和关节功能退化也会导致各种健康问题的出现。例如，过去通常在五六十岁出现的膝关节疾病、髋关节疾病、腰椎间盘突出等问题，现在越来越频繁地出现在三四十岁的人群中。

我建议大家进行功能性的力量训练。这种训练不仅可以帮助身体恢复本能表现，还可以防止肌肉和关节功能过早地退化。无论是初学者还是已经有一定基础的人，都可以从这种训练中受益。因为这种训练既属于基础，也属于进阶。

基础部分可以帮助我们恢复身体功能。以髋关节为例，我们需要通过一系列的伸展训练和放松练习来缓解疼痛和紧张。此外，专注于臀中肌的力量训练不仅有助于建立正确的肌肉发力模式，而且对改善髋关节的稳定性和功能性至关重要。这种类型的训练可以被视为功能性训练的一部分，目的是在每个训练阶段都确保基础功能的稳定，从而为更高级的练习打下坚实的基础。

普通功能性训练的核心在于模拟日常生活中的动作，这些动作往往涉及多个关节和肌肉群的协同工作。这种训练不仅仅是关于单一肌肉的力量增强，更多的是如何协调不同的肌肉和关节，以确保身体能够以最有效、最安全的方式进行运动。包括正确的身体活动角度、动态或静态时维持身体姿势的稳定性，以及对抗不必要旋转或屈伸的能力等。

因此，我建议健身爱好者和正在减肥的人更多地了解和参与功能性训练，这对他们身体的全面发展大有裨益。在选择功能性训练的形式时，我们应该意识到有很多种选择。普拉提是一种非常好的功能性训练形式，它可以帮助提高核心能力和身体控制能力。随着训练的深入，我们可以根据个人的发展特点和目标选择合适的训练形式，比如，瑜伽或者更具挑战性的单侧运动。

其实你不懂普拉提

　　无论选择哪种形式的训练，我们首先都应该正确理解它的本质。不要简单地将瑜伽视为仅仅涉及拉伸的训练，也不要将普拉提仅仅看作腹部或塑形训练。这些运动形式都是综合性的，旨在提高人体的控制能力和力量，同时也需要一定的伸展度和活动度。

　　普拉提最初是为了帮助战场上轻度受伤的士兵快速康复并返回战场而设计。它起源于一种康复型运动，现在已经发展成为适合大众的健身运动之一。尽管存在多种训练模式，但不应限于单一形式。结合不同的力量训练方法，可优化训练成效。当一项活动如普拉提或瑜伽成为主流运动方式时，人们往往会对其有多重的期待和理解。有人视它为一种健身训练，有人则希望它能为身体带来局部减脂效果。实际上，这些运动形式并不完全是为了特定目的而设计的。

　　普拉提和瑜伽的核心是提高身体的控制能力和自我觉察。很多人开始练习瑜伽是希望能够完成更高难度的体式。在追求这个目标的过程中，我们应该始终关注自己的发力方式、呼吸方法和身体感受。如果身体暂时无法完成某个动作，很可能是因为我们还没有找到正确的练习方法，或者身体的某些部位还需要进一步地锻炼和改进。一旦问题得到改善，你就可以继续深化练习，更高效地提高自己的技能。重要的是要明白进行这些运动的目的是提高自己对身体的控制和了解，而不仅仅是为了完成某个动作。

对那些没有接触到专业瑜伽教练的人而言，他们可以通过额外的力量训练或伸展性训练来帮助自己达到想要的体式。但无论何时，我们都应该避免强迫自己的身体去做超出其当时能力范围的动作。这不仅可能导致受伤，而且可能使我们失去对练习的信心和兴趣。

当我们进入进阶阶段，对某种运动形式有了一定的掌握和体验后，应该更加理性地选择自己的运动方向。这时，我们不仅要考虑到自己的身体条件和能力，还要考虑到自己的兴趣和目标。不同的人适合不同的运动形式，有些人适合力量训练，有些人适合柔韧性或平衡性训练。

无论是普拉提还是瑜伽或者其他任何形式的运动，我们都应该首先了解自己，然后根据自己的需要和能力选择最适合自己的运动方式。这样不仅可以避免不必要的伤害，还可以更好地享受运动带来的乐趣和好处。在进行任何形式的训练或运动时，我们需要遵循一些基本原则，以确保我们的身体得到适当的锻炼，同时避免过度损伤。这些原则包括均衡性原则、无痛性原则和渐阶性原则。

首先，我们需要确保训练均衡性。这意味着我们不能只专注于一种类型的训练，例如，力量训练或有氧运动。我们需要找到一种方式将各种类型的训练结合起来，以确保我们的身体各部位都得到适当的锻炼。这不仅可以避免严重的偏科，还可以帮助身体更全面健康地发展。

其次，我们需要确保训练过程具有无痛性。这意味着我们需要根据自己的身体条件和能力来选择适合我们的训练方式。例如，如果某种训练方式对我们而言困难度很高或者损伤风险大，我们可以考虑换一种更适合自己的形式，并且解决造成困难的身体问题。这样可以确保训练安全有效。

最后，我们需要确保训练具有渐阶性。这意味着我们需要不断地挑战自己，提高训练强度和难度，以确保身体持续地发展和进步。在训练过程中，我们需要关注几个关键的方面：功能性训练、抗阻能力、核心训练和体能功率输出能力。

功能性训练

功能性训练

功能性训练是指那些能够帮助我们在日常生活中更好地完成各种动作任务的训练。这种训练可以帮助我们提高身体的协调性、稳定性和灵活性，从而提高生活质量。

抗阻训练

抗阻能力

抗阻能力是指在训练中对抗阻力的能力。这种能力可以帮助我们增强肌肉力量，提高身体的耐力和爆发力。

核心训练

核心训练

　　核心训练是指那些主要针对身体躯干与骨盆部位的训练。这种训练可以帮助我们增强核心肌群的力量，提高身体的稳定性和平衡性，以达到提升运动表现和预防运动损伤的作用。

　　真正的核心能力包括核心稳定性和核心力量两部分。核心稳定性主要靠核心深层肌肉产生，而核心力量主要靠浅层肌肉实现。核心肌群的主要作用就是保证身体稳定对抗和传递能量，分散身体重量的同时让身体可以随意改变方向移动。

　　如果你的核心力量薄弱就会导致静态或动态时身体姿势不佳，还可能导致腰痛或四肢无力。当你把核心稳定训练纳入有规律的运动计划中时，它可以帮你改善身体控制能力，甚至是减少运动损伤风险。几乎在所有体育活动中，身体核心的重要功能就是稳定和产生力量。核心是所有运动的基础，核心力量的强弱决定了你运动的控制能力和流畅性，更决定了运动能力的上限。

将你的核心肌群想象成连接你上身和下身链条的坚固的中心环节。无论是在打网球、篮球这样激烈的运动中，还是在跑步、扫地这样简单的活动中，这些动作要么源于你的核心，要么贯穿其中，无论运动从何处开始，它都会多方向地波及链条的相邻环节。因此，薄弱或不灵活的核心肌群会削弱你的力量输出。

拥有良好的核心训练，对于提高运动成绩和预防损伤是至关重要的，核心能力训练是所有运动的基础，它在康复和损伤预防中的作用也非常重要。

但需要注意的是，虽然建立强壮的核心很重要，但如果将所有努力都放在发展腹肌上是不明智的。因为腹肌并不是核心肌群的全部，它包含背部、腹部和构成骨盆部的所有肌群，底部为盆底肌和髋关节相关肌肉。这些肌肉稳定了身体的核心，并在支撑脊柱结构中发挥着重要作用，锻炼这些深层肌肉对缓解腰背压力也非常重要。因此，过度单一地训练腹肌而忽略背部和臀部等肌肉的训练，会让你受伤，也削弱你的运动表现能力。

体能功率输出能力

体能功率输出能力

体能功率输出能力是指在训练中肌肉快速输出及持续有效输出的能力。这种能力可以帮助我们提高身体的速度、爆发力、耐力和反应能力，从而提高运动表现。

如果身体的肌肉能力和关节能力是允许做一些简单的爆发力训练的，那么我建议更多的人尝试低负荷，不要大重量快速发力训练，以提高快速动作时身体的综合能力，即更快速、更完整地完成动作。同样动作如果完成时长更短且完整标准，即使徒手完成，动作也可以做到更快，并在快速中保持稳定和控制。这种能力的建立从身体的发展而言能更大限度地提高身体的肌肉质量，使肌肉线条形态发展更好。

我建议更多的人去做综合体能训练，在具备一定的力量水平以后，去发展自己的速度和耐力能力，这样的话可以让训练更高效。通过这样的训练，可以很好地提高身体的肌肉质量、关节活动顺畅度，以及在运动过程中高效供能的能力。肌肉质量其实就是肌肉饱满度与弹性的平衡，用专业术语来说就是肌肉张力水平。

减肥目标篇：
影响瘦身成功或瘦身后期形体的因素

如果我们的目标是减肥，那么需要关注的不仅是饮食和运动，还包括心理的调节能力。保持中立心态，对待减肥过程和结果都要有积极态度，这样才能更好地实现目标。身体的平台期指在锻炼和饮食计划中，有时候体重和体形的改变会停滞不前。这是很常见的现象，很多人在开始新的锻炼和饮食计划时会经历这样的阶段。

请不要因为这个过程而感到沮丧，也不要在感受到自己提高后过度兴奋。最重要的是让饮食以及运动找到平稳状态，循序渐进地去提高，并在每一阶段都要有所改变和调整。

整个过程不能从头到尾保持一致，调整的手段也不要过于极端，而是进行微调。比如，饮食要根据自己的体能水平和运动形式的改变看是否需要更多的碳水或者补充更多的蛋白质。调整必须符合自己运动和身体代谢发展的输出需求，不断地了解新的自己。

又卡秤了？

越早发现自己的身体减重规律越好，周期可以稍长，比如以月为单位。例如，通过一个月的训练和饮食规划调整，减了两三千克，然后关注自己的体脂，这两三千克减下来，是以脂肪为主还是都是脂肪。如果发现身体形态不好，通过体脂测试发现脂肪掉得很少，这时候需要调整。

在减少两三千克的体重后，可以回忆这一个月的过程，观察自己是否需要调整运动方式，是否需要增加抗阻训练，是否有氧运动过多。另外，观察饮食是否需要调整，是否过于清淡，肉类蛋白是否摄取过少，看看代谢是否规律以及是否需要增加优质脂肪摄入。虽然以月为单位观察，但是体重和体脂的测量可以以周为单位进行，包括围度测量。

掉秤不可能匀速，例如，有些人锻炼第一周就开始掉秤，有些人锻炼三周之后才开始掉秤。前三周都没有变化，但是在第四周突然掉1.5千克。三周之后可能又有三周不变，第二个月观察发现与上一个月相同仍然遵循这个规律，这是一个明显的身体信号发展规律。我们需要遵循这个规律了解自己，利用自己身体的规律调整运动节奏，包括饮食补充，为自己体重下降期做好充分铺垫和准备，在规律范围内尽量完美。

女性可以更好地了解自己生理周期前后的变化，利用生理周期，例如，在快到生理期时可以进行更高强度的抗阻训练。

因为有更高强度的抗阻训练，可以利用生理期作为更好的恢复周期，生理期结束后身体状态可能更好。生理期结束之后可以超量恢复，重新建立更好的体能训练或者更高强度的体能提升，对身体发展更有利。

动作模式与肌肉能力对最终身体形态的影响

简而言之，我们的身体形态主要由肌肉形态决定，而肌肉形态则由动作模式和肌肉使用特点决定，不同运动项目需要不同的肌肉能力和动作模式。例如，跳水运动员需要具备良好的空中控制姿态和入水能力，而短跑运动员则需要具备良好的速度力量和爆发力。这些不同的肌肉使用特点和动作模式会导致不同的肌肉形态发展。

在制订健身目标时，我们需要考虑最终目标的身体形态和能力。如果想要拥有像跳水运动员那样纤细而有控制协调力的肌肉，那么可以选择进行技巧性核心训练和灵活性训练。如果想要拥有像短跑运动员那样强壮而有力的肌肉，那么可以选择进行重量训练和爆发力训练，还要考虑到运动移动方向和动作协调模式，因为这些综合的身体能力最终会获得完美的"专项体形"。

当我们谈论短跑运动员的体形时，通常会想象到他们肌肉发达但不过分粗壮，身体线条流畅而有力的形象。这是因为短跑运动员的训练往往集中在发展爆发力和速度上，尤其是矢状面的移动能力，即向前和向后的移动能力，还有身体对侧的协调发力及弹性势能能力。这种训练使得他们的肌肉不仅结实，而且功能强大，体积适中。

若想获得类似短跑运动员的体形，仅进行双侧的力量训练是不够的。虽然这样的训练可能增加肌肉体积，但无法提供短跑运动员的速度和爆发力。为达到这个目标，需要结合力量训练和特定的跑步节奏练习。尽管普通人不需要像专业运动员那样严格要求自己，但可以借鉴短跑运动员的体能训练标准和方法提高身体素质和肌肉功能。

"死肌肉"如何变"活"？

在考虑肌肉训练时，我们需要关注身体基础动作模式和负荷能力。有些人可能认为某些肌肉虽然看起来很壮硕，但是在日常生活中并不实用。这是一个误解，因为任何正常生长的肌肉都有其功能。所谓的"死肌肉"和"活肌肉"的概念实际上是不准确的。因为它们是通过锻炼生长出来的，都是活跃且有用的肌肉，所以肌肉不可能是"死"的。

当人们谈论"死肌肉"时，他们可能指的是通过特定训练方法获得的看似强壮但是缺乏灵活性和耐力的肌肉。这些肌肉在日常生活中可能不具备足够的高效力量输出能力。如果一个人主要进行力量训练，他的肌肉可能在搬重物时表现出较强的负重能力，如果这种训练占据了他所有训练的95%，那么他可能就不会有很好的心肺功能。

在实际生活中，肌肉发达的人在爬山或者与朋友跑步时可能感到很累。虽然他们的肌肉很强大，但是心肺功能并没有得到相应的提升。就如一辆5.0升排量的皮卡车，而你只装了一个30升的油箱，那么它只跑很短的距离就会耗尽燃料。同样，如果一个人的肌肉很发达，但是心肺功能不强，那么在进行长时间或者高强度的活动时，他的体能就会很快耗尽。因此，平衡肌肉训练和心肺功能的提升非常重要。

同样的道理也适用于我们的身体。虽然"死肌肉"看起来很壮观，但是由于缺乏适当的训练，它们并不具备应有的功能性。然而，如果一个人具备了这样的肌肉基础，并愿意通过综合性的体能训练来改善它们，那么这些肌肉就可以变得更加活跃。这种训练包括增强肌肉的伸展度、灵活性，以及提高整体的平衡和协调能力。

对大多数人而言，追求健康的体魄意味着避免过度专注于某一种类型的训练，而是寻求身体能力的平衡。因此，普通人在进行锻炼时不应盲目追求职业运动员和健美选手的训练方式，而应该寻找一种更加平衡的方法保持身体健康。

科学减肥

"从一而终"的关键要素：
体重与体脂

身材管理不是一道很快就能解出答案的数学题，不能操之过急。在减肥的过程中，体重和体脂是两个关键因素。许多寻求减肥的人只关注体重的数字，却忽视了减肥的真正目标是减少体内的多余脂肪含量。体重的变化并不总是与体脂的变化成正比。有时，体重增加并不必然反映失败，可能是由于肌肉量增加所致。因此，关注体脂率而非单纯的体重数值更为关键。

在专业评估个体肥胖水平时，单靠体重或身高是不足以做出准确判断的。体脂百分比作为一个更为精确的测量指标，能够有效反映体内脂肪与非脂肪组织的分布状况。

两位身高均为 1.84 米的个体，一个体重为 70 千克，另一个为 90 千克，两者之间存在 20 千克的体重差距。然而，若两人的体脂百分比相同，则可以认为他们的肥胖程度相当。换言之，在这种情形下，我们不能单纯以体重差异来判定他们的肥胖级别，而应当将体脂比例作为关键参考指标。

测量体脂的方式有很多，包括使用皮脂钳和电阻抗仪器等。电阻抗仪器有一个最简单的参考范围，最准确的是运动员测试，在水里测试身体密度，通过密度才能准确计算出肌肉脂肪比例。我们没有条件也没必要如此测量，可以使用机器测量皮下脂肪，如皮脂钳，基本上数据是准确的。

理想情况下，体重和体脂应同步下降并保持一定比例，意味着在减少体内多余脂肪的同时增加肌肉量。这就是为什么我们建议减肥者不应过分关注体重数值，而应更多关注外在状态和健康指标。

测量体重和体脂的最佳频率是每周一次，以避免日常波动带来的不必要的压力和焦虑。虽然我们每天都在照顾自己的身体，但并不意味着我们需要每天都去测量体重。频繁的测量可能导致不必要的焦虑，因为我们的体重会受到许多因素的影响，包括水分的储存和消耗，食物的摄入和消化，甚至每天不同的时间都可能对测量结果产生影响。因此，我建议将体重测量的频率降低到每周一次，并尽量在相同的时间和状态下进行，这样得到的数据才具有参考性。

综合健康指标

评估健康状况不应仅限于体重指标，而应综合考虑多项健康指标。为了确保个体健康得到全面评估，我们应当密切关注包括心肺功能、心脑血管状况以及常规体检指标、激素水平、血糖水平在内的各项生理指标。这些数据能够综合反映个体的健康状况，并且，如果在减重过程中遵循科学方法，这些指标应有所改善。

例如，心肌功能可以通过观察早晨的静态心率来评估。如果经过一段时间的锻炼，我们发现自己的静态心率有所下降，那么这可能意味着我们的心肌功能正在改善。此外，我们的血压和血糖水平也应该保持在一个稳定和健康的范围内。

我们也不能完全忽视体重和体脂的比例。对男性而言，健康的体脂比例应该在10%到20%。我们不应该过于追求一个具体的数字，只要体脂比例在这个范围内且其他健康指标都正常，我们就是健康的人。

需要强调的是，尽管可以通过自我监测和基础测试来评估健康，但定期进行全面医疗体检仍然不可或缺。某些指标，如激素水平，可能需要专业设备和技术来进行精确测量。若发现某项指标异常或存在特殊生活习惯（长期熬夜），则有必要进行更深入的医学检查。

不良生活习惯与身体亚健康状态紧密相关，这种状态不仅影响身体健康，还可能导致心理变化。因此，从生活方式出发，我们鼓励通过健康运动改善自身状况，无论是减重还是提升整体健康。

要调整好自己的生活方式，需要坚持一段时间以养成习惯，这样可以改善身体的小问题。当一个人拥有了健康的生活方式，再去从事运动就会更加轻松，效果也会更加显著。因此保持健康的生活方式非常重要，包括作息、饮食、社交习惯等，这些都是需要坚持的。

目前人们常见的亚健康指的是慢性疲劳，即不知道原因却感觉长期疲劳的状态，总是精力不够。长期的不健康饮食或者食物摄取种类单一也可能导致这种情况。睡眠不足、睡眠质量低也可能是导致慢性疲劳的原因之一，身体活动不足同样会导致这种情况的发生。

利用好自身周期性变化规律积极应变

在减重过程中，不同体重基数的个体会有不同的身体周期变化规律。建议在开始或进入新阶段前了解自身的身体变化规律，并做好平台期的心理预期管理。在调整饮食、运动和休息时间以适应身体周期变化的过程中，详细记录身体周期变化至关重要。对于减重，不同人采用不同练法，关键在于找到适合自己的运动时长和强度。具体而言，规范自己的运动时间，控制自己运动的强度，监测自己在运动过程中的心率变化以及整体热量消耗。在同一锻炼单位下，还需评估身体产生的疲劳感和感官疲劳程度。

一方面需要了解自己在生理期前是否出现 1 千克或者小幅度的体重上升，不要因为生理期前的体重上升而沮丧放弃。有些女性在生理期前或者生理期中由于激素不稳定的情况下会大吃特吃高能量食物，这需要控制和调整。让自己的激素水平保持稳定非常重要，在生理期前可以进行更高强度的抗阻训练，但注意不要超出自己的能力水平，过度疲劳会造成休息不够，导致这个阶段的激素不稳定。过度的饮食节制可能对身体的激素水平产生不良影响导致激素不稳定。为了避免这种情况，我们需要确保摄入均衡的营养，包括微量元素，以维持身体的健康和稳定，这样可以避免由于激素不稳定引发的情绪波动、暴饮暴食和焦虑等问题。

有些人认为在生理期无论吃什么都不会变胖，这种说法并无科学依据。生理期是身体代谢和自我修复的过程，与雌激素相关的细胞在这个时期会进行修复，可能需要一些额外的能量。然而，这个需求量并没有想象中的那么大，因为生理期是一个自然的生理周期，与怀孕和生产这种突然性的生理变化不同。

在生理期过后，我们可以更好地利用身体恢复能力。我们可以在生理期前进行适量运动，为身体创造良好的营养均衡、休息和恢复条件，这样才能提高体能，从事有益的运动。而不是在生理期急于减肥、过度控制饮食，导致营养不均衡，或者在生理期前进行超出能力范围的高强度训练，以及在生理期不甘心而进行额外大量运动。因此，我们需要正确、全面地理解这个问题，不要总是听别人讲，而是要自己去感受是否符合这个特点，因为这并非绝对。

良好的饮食作息习惯可以减轻不良生理周期现象，如休息不好、疲劳、长期饮食不规律等。过多摄入寒凉食物，如冰冷食物和过多海鲜也可能导致身体不适。虽然海鲜在减肥期间可以食用，且属于优质蛋白，但不应过量摄入，仍需饮食更均衡，蛋白质摄入的种类更丰富。

生理期要如何减重？

虽然有些人在生理期可以正常进行高强度运动，但并非所有人都这样做。因为这与生理特点有关，所以不建议进行高强度运动。在生理期，可以根据自身身体特点进行适量运动。生理期可以适当避免大角度的腹部收缩动作。总之，我们需要根据自己的身体状况调整运动和饮食习惯，以达到最佳健康效果。

与男性相比，女性小腹部的脂肪层通常更厚，这是完全正常的生理现象。这部分脂肪起到了保持体温和保护子宫的作用，有助于身体健康。可以通过运动来增强深层核心肌群的能力，特别是腹横肌。通过特定的呼吸训练和核心稳定训练，可以有效地锻炼这些肌肉，从而使小腹看起来更加平坦。但是即使经过这样的锻炼，女性的小腹可能仍然比男性或者体质较差的人稍微凸出一些，这是因为女性的身体构造就是如此。

我们需要明确的是健康的标准对男性和女性来说是不同的。除了生理特点和身体特性之外，女性的某些部位，如腰腹、胸部的脂肪通常比男性多一些，这是正常的。因此，我们不建议女性追求过低的体脂率，过度降低体脂率可能导致激素水平失调，从而影响健康。

对于希望改变身材的女性，可以通过针对特定部位的肌肉训练来改善肌肉线条。在健康范围内追求低体脂率是可行的，但是建议大多数女性不要低过16%。每个人的基因都不同，有些人可能在体脂率为20%或者22%时看起来非常完美，没有必要追求更低的体脂率。如果维持这个体脂率对你而言并不困难，不需要做出过于苛刻的生活改变就可以达到这个目标，就是最舒适的状态。

运动时间与强度控制

许多人可能存在误解，为了达到最佳锻炼效果，应该连续不断地进行高强度训练，甚至牺牲休息时间。然而这种做法不仅不会带来更好的锻炼效果，反而可能对身体健康产生负面影响。例如，在高负荷力量训练时，完成一个动作后立刻进行下一个动作，而没有给身体足够的恢复时间，会发现自己很难完成下一个动作，或者出现体力不支、低血糖、心肺功能下降等情况。在这种情况下，监测心率时可能发现已经超出了最大的心率承受范围，这时候需要合理间歇一下，让身体得到适当的恢复。在运动过程中，我们也应该避免让心率完全恢复到最原始状态，然后进行下一个训练项目。总之，我们应该学会控制好训练的效率，确保身体在适当的负荷下得到最高效的锻炼。

之前提到身体的供能系统在 0 ～ 4 秒内主要依赖磷酸原供能，主要支持爆发力项目。30 ～ 60 秒是快速糖酵解，60 秒到3 分钟这个阶段偏向慢速糖酵解。快速糖酵解的过程偏向于爆发力的运动，更多依赖糖原消耗。超过 3 分钟后是慢速糖酵解，而从 3 ～ 30 分钟基本都是慢速糖酵解和有氧氧化供能过程（脂肪供能占比逐渐提高）。在这个过程中，虽然以糖为主要能源，但是同时也在燃烧脂肪。30 分钟以上的有氧训练会开始更多地利用有氧氧化功能，这可能需要更多地调动内脏脂肪和皮下脂肪等来转化以提供能量。

然而，我们要多角度理解身体运动供能与能量转化。即使是 20 分钟以下的运动，如高强度间歇训练，也可以很好地提供身体功能锻炼，并增强摄氧能力。我们所说的有氧运动是指坚持 30 分钟以上的运动，因为它需要利用有氧氧化供能。短时间高强度训练对摄氧能力的提高有很大帮助，只是它的供氧需求、功能需求以及心肺功能的输出不同。

综上所述，我们在减脂期间应根据不同阶段自己身体的发展特点来选择运动消耗的形式。每种不同强度和时长的训练都有其特定的能量转化利用特点，在这之中也同样要考虑自己当下阶段运动水平所能达到的强度要求。选择对的形式和适合的阶段性强度是应对减脂过程中不同阶段不同情况的科学性原则。

常见"问题"

第四章

平台期

　　我更愿将平台期称为稳定期。从正常生理规律来看，稳定期是必然存在的。它是让身体用一小段时间适应前一段时间所取得的进展。体重一直在下降的过程中反而不好，因为内脏器官和身体机能调节一直处于适应新的能力的状态，所以适应过程是需要。在适应过程中也需要注意，可能出现稳定期过长的情况，例如，有的人稳定期的合理时间是 1 ~ 2 周。当我们谈论健身或者体重管理时，稳定期或者平台期是常见的概念，然而很多人误解了它的含义。真正的稳定期过程并不仅仅是指体重没有变化。实际上，要判断身体是否处于稳定期，我们需要从多方面进行观察。

　　要知道，体重并非唯一指标。虽然有时体重没有明显变化，但是身体的围度可能有所改变。例如，某些部位的尺寸有所减少，而体重保持不变甚至略有增加。这可能是因为肌肉增长大于脂肪减少，所以即使脂肪减少、肌肉增加，体重也可能没有太大变化。此外，你可能注意到自己的力量水平、体能和精神状态都有所提高。如果静态心率逐渐降低，这是身体健康和适应性改善的迹象。

如果你发现自己在两周或者更长时间内没有任何进步，甚至感觉体能和精神状态有所下降，那么可能需要重新评估自己的训练和恢复策略。先考虑自己的休息和睡眠是否充足。持续的训练压力和不足的恢复可能导致过度疲劳和体能下降。如果训练强度和频率过高，那么可能需要适当减少运动强度以促进身体恢复。

营养摄入同样是一个关键因素。随着体能水平的提高，身体需要更多的能量支持更高的训练强度。在这种情况下，需要增加碳水化合物、蛋白质和健康脂肪的摄入，以确保身体有足够的能量来支撑训练。

请正确看待平台期！

情绪和心态也会对身体的反应产生影响。如果你认为自己处于平台期并且无法取得进步，这种消极的思维可能导致情绪的恶性循环，进而影响激素水平和身体的代谢。因此保持积极心态，理性地分析自己训练和生活习惯中可能存在的问题至关重要。

首先，在平台期，我们需要全面观察和分析身体的各项指标，而不仅仅是体重。其次，在平台期时，我们需要主动调整训练、饮食和心态，以帮助身体突破这一阶段。在健身和身体改变的过程中，理性分析和情绪稳定至关重要。不理智的人很多，这是正常的现象，大多数人都会有困惑。他们可能过于苛刻地对待自己的饮食或者过度加强运动，这往往导致身体处于不稳定状态，甚至可能引发抑郁、焦虑等情绪问题。

我们需要明确判断自己是否真的没有任何变化，不能仅仅依赖体重。很多人在评价自己的身体状况时，都会以体重为唯一标准，这是片面的。我们需要全面地看待自己的身体，包括肌肉的线条、身体的柔韧性和体能的改善等。

以玲姐为例，她在健身过程中，只在第一阶段出现过所谓的平台期。这是因为我们之间的磨合还未到位，她有时会按照自己的想法去做，而不是完全按照指导来做。当她理解了正确的方法后，她的身体状况变得非常顺畅和稳定。最后，她甚至可以根据自己的需要，控制自己是胖一点、瘦一点、壮一点还是纤细一点，这都是通过运动和生活方式来调整的。

产后

我建议产后女性的首要任务是恢复身体的正常功能，而非减脂。这包括恢复深层核心肌肉的功能以及调整骨盆的位置等。产后的体态变化很正常，怀孕和生产期间会对身体产生很大影响，可能导致肌肉张力和骨骼位置不平衡。

产后的饮食调整非常重要。产后的女性应保持健康均衡饮食，无须过度补充补品。坐月子的传统行为有一定道理，它不仅帮助身体恢复在生产过程中消耗的大量体力和体能，还避免关节受到过大压力。

我建议在生产后的一个月内避免过多的体力活动，需要更多的休息，这也是为了给身体一个很好的恢复周期。在这个周期内，我们需要避免寒凉，避免过度的体力消耗，让身体得到充分的休息和恢复。在现代社会，对于产妇的产后护理，人们的观念正在逐渐朝着科学性转变。每个人的身体都是独特的，因此产后恢复的方式也应该是个性化的。

无论采用哪种生产方式或者恢复方式，关键在于个体的身体状况和习惯。一个健康且有良好运动习惯的女性生产过程可能更顺利，恢复也可能更快。反之，如果一个人在生产前身体状况不佳，那么无论采取哪种方式，都可能面临更多困难。因此我们建议女性在打算生小孩之前先通过科学的运动和生活方式调理，让身体状态处于最佳。

产后不必急于减重！

每个人的身体都具有独特性，因此产后恢复的方式应该具有个性化。与其盲目遵循传统或者流行的方式，不如根据自己的身体状况和医生的建议制订合适的恢复计划。

当一个人的生活发生变化时，情绪波动是自然的。比如，突然多了很多家务，需要照顾孩子，会出现抑郁情绪，需要调整心理。虽然新生命的诞生是值得开心和高兴的事情，但是配合环境和家庭成员的改变而改变也是需要的。体能训练之所以能够帮助我们适应环境能力，是因为一个人如果有足够好的体力，就能负担多出来的活动并且没有把它当成身体上的压力，良好的体能有助于应对额外的家务，避免因疲劳而影响日常生活和睡眠。

产后女性可能遭受较大的身体损伤，然而请放心，通过正确的方法，这些损伤是可以恢复的。运动是恢复身体功能的关键方式。针对特定肌肉群的训练，如括约肌、盆底肌等，可以通过特定的锻炼方法或康复设备来辅助。许多产后康复中心提供此类设备和专业教练的指导，当然，个人也可以通过学习相关知识自行训练。

　　关于婴儿的饮食，母乳中的脂肪含量确实较高，因为婴儿在成长过程中需要高脂肪。但想要增加母乳营养，单纯摄入脂肪并不理想，应确保产后的营养均衡。正常的母乳喂养可以帮助产后的女性消耗多余能量，能够自然地恢复身体的激素水平。

　　在这个过程中，无论对新生儿还是母亲来说，母乳本身都是情绪上的安抚，这会让身体的情绪激素水平更稳定。从胖瘦角度来看，也会对更快、更容易地瘦下来起到辅助作用。正常情况下，我们建议母乳喂养，母乳喂养时间通常在半年到一年之内，超过一岁以后就不建议，因为母乳的营养价值已经不高了。

　　对于那些希望产后迅速恢复体形的女性，我必须强调：过早急切地进行高强度运动可能对身体造成伤害。首先应确保身体功能得到充分恢复，然后再循序渐进地提高锻炼强度，否则，可能导致更大的损伤。例如，如果骨盆和腹直肌未得到充分恢复，直接进行高强度锻炼可能导致腰部损伤或内脏压迫等问题。

一起运动效果更好!

产后恢复的原则是:在确保身体功能得到恢复的前提下进行减肥训练。减肥的过程需要根据个人的身体状况来逐步进行,不能急于求成。产后恢复需要注意很多方面,包括饮食、锻炼、情绪调节等。母乳喂养有助于消耗能量和恢复身体激素水平,但也不宜过久。适当的锻炼可以促进身体恢复,但要注意不要过度。

虽然我们可以进行腹肌和表层肌肉的训练,但只是在错误位置上强化肌肉,容易让自然恢复中的软组织产生不必要的粘连和对抗性代偿。产后恢复的首要任务是要让核心深层肌肉产生正确的力量,从而带动产生位移或产生损伤的软组织恢复到正确位置和正确的生理功能,这是产后主动运动恢复的训练原则,而不是立即进行针对减肥的训练。减肥应该根据产妇的恢复情况进行,不能急于求成。

孕妇产后需要给身体一段时间进行自然的恢复和调整。如果各方面的健康指标都很正常且良好,通常可以在产后 2 ~ 3 周开始进行功能性的简单运动。这些运动温和,旨在帮助身体逐渐恢复体力和状态。然而在产后的最初 1 周或者 2 周,休息仍然至关重要。这段时间主要用于恢复体能、适应新生儿的情绪以及适应新的生活节奏。

在产后恢复期间,新妈妈们面临着许多挑战:恢复体力、适应新生儿带来的各种变化以及调整自己的生活节奏。这个时期，新妈妈们的身体和心灵都需要得到充分的休息和照顾。一旦她们感到自己已经适应了新的生活节奏并且身体状况良好，就可以开始考虑进行一些有针对性的运动来进一步恢复身体。

选择适合的运动是非常重要的。新妈妈们可以考虑一些与宝宝有关的活动，如带宝宝散步或进行其他适合的活动。这不仅能够帮助新妈妈们恢复身体，还能够增强与宝宝之间的亲密关系。此外，新妈妈们还可以邀请丈夫一同参与运动，这不仅有助于他们的身体健康，还有助于家庭的和谐发展。如果一起生活的人能够与你的生活节奏保持一致，这是一件幸福的事情。如果同住人是好吃懒做的状态，每天躺在家里，只有一个人热爱运动，两个人的生活轨道就会慢慢偏离，也会产生情感冲突。

照顾新生儿本身就是一种身体活动。喂养、换尿布等日常照顾任务需要精细的肌肉控制和力量。因此，除了照顾孩子外，新妈妈们还可以考虑进行额外的力量训练，特别是针对手臂和背部的力量训练。这可以帮助预防因长时间抱孩子而导致的肩关节问题。

在产后减肥的过程中，心理调整也是非常重要的一环。减重不仅是一个身体上的挑战，更是一个心灵上的挑战。新妈妈们需要调整自己的心态，以中正平和的心态面对生活中的各种挑战。

减肥过程中心理调整的重要性

　　减重是重新了解自己的过程。如果普通人想减重，首先需要调整生活方式。从宏观角度来看，调整生活方式是首要任务。我们需要调整好以前不健康的生活方式，包括饮食、作息、日常生活中的姿态和心态调节。健康的生活方式包括心态，这是很多人忽略的因素。看待同样一件事，看到好的一面或者坏的一面并不取决于事物，而是取决于自己的心态，境随心转。

　　运动可以减肥，但是随便吃就会胖，这是成正比的规律。如果一个人下定决心想减肥，那么减重本身已经成功一半。如果这些都能做好，剩下的才是如何更好地运动。在生理指标没有问题时，什么样的运动都可以做，不同的问题和类型也有不同的对应知识。在实际应用中，需要专业地辨识和判断，判断准确才能解决问题，道理并不复杂。面对所有需要改变的问题也需要逐步适应，一开始不要将从前的 100 直接改变到 0。

对想要科学减脂的人而言，强制克制是有限度的，就像弹簧一样，以前在顶端，现在直接压到最底端是不可取的。重要的是，先逐步改变，让自己接受和适应一段时间，但是一定是真的改变，而不是反复地纵容自己，一直告诉自己还有明天，这顿就这样，毕竟还有下一顿。我们要的是真的改变，而不是自我欺骗。然而，改变并不意味着要从原来的行为模式一下变得非常健康和节制，先找个折中点，然后逐步改变。当适应一段时间之后，感觉没有那么难，还可以接受现在的强度，再逐步改变。这样逐步改变更容易让一个人从生理和心理上接受。因此从起步阶段开始，要把这个事情当作一个长线行为来规划，真正纳入每一日的生活细节中。

保持良好心态是身材管理能否持续的前提。许多人在减重过程中半途而废，一个重要原因是将身材管理变成了一份艰辛的工作。

把良好的状态变成生活的一部分！

在减重过程中，情绪管理是至关重要的。减重者可能经历多种心理状态的变化，这需要及时识别和调整。处于减重阶段的人更易受到情绪波动的影响，进而影响激素水平，可能导致减重进程停滞。此外，减重期间的心理挑战不仅源于体重的平台期，还包括饮食变化引发的心理适应问题，以及对过去饮食习惯（饮酒、社交聚会等）的渴望。尽管有人认为食物可以作为缓解压力的手段，但在减重过程中，心理压力的管理与自我调节显得尤为重要。其实更健康的，营养丰富的食物，可以补充很多以前缺失的微量营养元素，这本身从生理的角度来看对于情绪问题也是有着积极作用的。

对想要减重的打工人而言，工作非常繁忙，每天结束工作就已经耗费了所有精力，觉得无法健身或者健康饮食。在这种情况下，有人认为一天忙碌过后大吃特吃一顿是对自己的奖励或者是某种途径的心理宣泄，但那只是负面情绪或者压力下产生的一种应激行为，人们常常会通过进食来缓解情绪、填补心灵上的空虚。运动本身也是一个非常好的宣泄方式，只要科学适度，这种宣泄方式从生理到心理上都可以缓解一天的疲劳，心理压力也可以得到很好的释放。宣泄的途径有很多种，建议大家不要选择伤害自己的方式。每个人都有最基本的生存能力，活动能力是所有生存能力中最基础的一种，我们需要重新找回失去的能力，所以需要额外的运动。

从广义上讲，日常活动本身也可视为一种形式的运动。我们可以采取更宏观的视角来理解运动，例如，在天气适宜且时间允许的情况下，选择骑自行车而不是打车去上班。这样，工作不仅成为生活的一部分，也成为维持身体健康的活动之一。最终，如何平衡工作与生活，取决于个人的选择。

瘦身成功后如何更好保持

在瘦身成功之后，如何保持身材也是一个重要的过程。例如，带领身边的人一起运动，一起保持健康的生活，这样更容易保持身材。每个人的社交体系里不可能只有一个人，不存在任何交往。如果只是自己减肥成功，周围的人生活习惯没有改变，也会难以保持，因此改变身边的人的生活方式非常重要。

另外，在最初的科学运动环节中，如果你已经设定好自己的目标，即选定一个运动员的身材为模板，在训练过程中就要朝着这个方向努力，让形体向那个方向发展。最好的方式是选择一项运动作为爱好，比如，网球、骑行、跑步或者游泳。如果你希望自己的身材成为想要的那种运动员模板，那么不妨也尝试学会类似的运动技能，最终可以把运动变成一项游戏，这样才可以使运动在未来更好地陪伴自己。

肥胖人群如何养成良好的运动习惯？

对肥胖人群而言，培养良好的运动习惯至关重要。寻找一项富有趣味性、类似游戏的体育活动，并长期从事将有助于习惯的养成与维持。在减肥初期，确立一项个人偏好的运动项目至关重要。除了健身和体能训练目的之外，加入一个社交圈和团队，也是促进长期坚持的有效策略。结交志同道合的运动伙伴，可以减轻孤独感，增加运动的持续性。建议鼓励家庭成员一同参与，比如，共同学习网球、羽毛球，或是一起跑步、登山等，这些都是很好的方式。通过这些方法，我们可以长期建立并维持健康运动的生活方式。

选择适合自己的运动项目至关重要，尤其是当该项目能够发挥个人特长时。就我自己而言，即使我对于跑步并无特别偏好，但曾多次陪伴友人参赛，即便自己不主动跑步，这种陪同对我来说也是可行的。如果缺乏友情的伴随，跑步的乐趣便会大打折扣。选择符合自身兴趣和特长的运动项目，将有助于提高训练的积极性和效果，同时确保运动过程的乐趣和可持续性。

通过带领身边的人一起减肥、保持健康生活、选择一项运动作为爱好并长期坚持等方法可以帮助我们更好地保持身材。在这个过程中要注意避免孤独，与家人朋友一起参与，把运动变成一项游戏，他们可以为你提供支持和鼓励。

当我们谈论减肥和身体健康时，我们往往会关注如何在过程中保持健康以及如何达到我们的目标。一旦达到了目标，我们是否应该继续保持 100% 的健康状态呢？这是一个值得思考的问题。

首先我们需要了解当我们成功减肥后，我们会变成不同的人。从大体重的人变成健美健康的人。这时我们需要重新认识自己，了解自己新的身体状况和代谢需求。在减肥过程中，我们可能采取了一些严格的方法，例如，严格控制饮食和保持运动量，以达到持续减肥目的。当我们达到目标后，是否还需要继续保持这种对大多数普通人而言显得苛刻的生活方式？

答案是肯定的，也是否定的。我们需要保持健康的生活方式，但不必过于严格。我们可以适当地放松享受生活，同时也要注意保持身体健康。在日常生活中，我们可以与朋友小酌，但要注意控制，不要过量。我们可以通过运动平衡饮食，例如，发现身体重量有所增加，可以增加运动量进行调整。同时我们需要注意保持稳定。在减肥成功后的一段时间内，我们的身体仍处于适应期，新陈代谢和激素水平都在调整。因此，我们需要给身体一些时间来适应新的体重和生活方式，减肥成功后的一段时间内机体的代谢体质并不十分稳定。

我们在此过程中需要不断了解自己，摸索出适合自己的生活方式。我们可以通过尝试不同的运动和饮食习惯，找到最适合自己的方式。

减重是减肥成功的标志吗？

　　总体而言，减肥是一个长期的过程，我们需要耐心和毅力。成功减肥后，我们需要重新认识自己，了解自己新的需求和身体状况，同时注意保持健康的生活方式，保持稳定，避免复胖。要时刻注意保持平衡，减肥成功以后的一年到两年为不稳定期或者危险期。很多人减肥成功后会复胖又再次减肥，反复做这件事对身体健康不利。因为内脏器官会受到循环负荷，身体激素水平会波动，这种波动对人体健康有影响，皮肤状态也容易不稳定。如果减肥成功后的保持过程是稳定的，皮肤状态也会越来越好。

　　当我们成功减重后，接下来的 12～18 个月是一个关键的时期，因为在这段时间内，个体复胖的可能性最高。这是因为他们的健康生活习惯可能还没有完全养成。在这段时间里，个体最容易放松警惕。他们可能错误地认为既然已经成功减重了，就可以开始放纵自己，可以每天晚上吃麻辣火锅和夜宵。他们可能错误地认为既然他们的肌肉增长了，就可以随意吃东西，永远不会再肥胖。

　　需要强调的是，一旦一个人曾经变得肥胖，他们可能面临终身的肥胖风险。这并不意味着他们一生都会肥胖，但他们需要始终保持警惕。例如，如果一个人已经肥胖了十年，然后他用了一年的时间来成功减肥。他的生活习惯和食欲可能仍然是基于那十年的肥胖生活。那么，他在这一年中所体验到的健康生活的快感与他在过去十年中所体验的肥胖生活的快感相比，哪一种更吸引他呢？无疑是后者，他需要更长的时间来适应健康的生活方式，并且真正享受这种生活方式带给他的各种好处，包括自己身体上的轻松感，也包括社会认同感。成功减重后的心理优势可以帮助个体更容易地坚持下去。

体重下降幅度过大或者时间过短都会导致皮肤松弛。当然在此过程中，运动方法可能不合理，例如，抗阻训练过少、过于依赖有氧训练、水分脱得过多都会不好，速度过快也不好。一个月减重3.5～6千克是合理范围。3.5～6千克尽量以脂肪为主，只减脂肪不容易，需要更专业的人的帮助，如果能保证减下来的绝大部分是脂肪，那么重量低于3.5千克也没关系，哪怕只减了2千克脂肪，跟减了6千克水分不一样，还是减了2千克脂肪更好。

长期保持需要稳定，并且需要更长时间适应运动和健康的生活方式。只有这样，你才能够切身体会到瘦下来后的心理舒适度和给自己的身体带来益处。你体会到的益处越多，你会越想守住自己的"江山"。发现自己的新优势非常重要。例如，原来我打网球能打得如此出色，原来我如此协调，胖了十年都没发现。对于那些对自己外表不满意的人，瘦下来也发现了自己的美和自信。要主动发现自己的优点和优势。

如果成功减重，整体健康状况会更好，抗压能力和心理状态也会比减重前好，包括性格的开朗度。对专业人士而言，减肥是最简单的事情。对普通人而言，这件事大多被认为是非常困难的事情。

然而，一旦克服这些困难，个体往往能够增强决策的勇气和自信，认为没有什么是不可能的。

许多人由于不科学的实践方法而出现体重过轻或体脂过高的问题。但如果已经做到身体健康且体脂较低，看到马甲线却仍然对自己不满意，那是非常遗憾的。无论你想要减肥还是健身，都不必过度焦虑。重要的是保持积极的心态和坚持不懈地努力。科学专业的知识将帮助你更好地了解自己的身体和健康状况，从而制订出适合自己的健康计划。通过合理的饮食安排和科学的运动方法，你可以逐渐达到自己的目标。

科学专业的知识永远向所有人敞开大门，科学减脂需要毅力、目标和动力。真正改变自己需要有决心和勇气。每个人都有自己独特的方向、角度和形式。当你下定决心改变时，不要被外界因素所干扰。金钱和时间并非唯一的障碍，真正的障碍往往是我们自己的思维和行为习惯。说到底，是魄力和坚持度的问题。既然想好了，就勇敢地去做一次，找到一个更好的自己。面对生活中的挑战和改变，每个人都需要一种坚定的状态和无畏的勇气。在这条道路上，我们往往发现最大的障碍不是外界的困难，而是我们自己内心的恐惧与犹豫。要知道，能让我们停下脚步的，通常是自己的退缩；而能够推动我们前进，突破自我限制的，也只有我们自己的勇气和决心。

我们在生活中经常会遇到各种问题和困境，这些问题可能是关于事业的、感情的、健康的挑战，或者是个人成长的难题。无论面临何种困难，只有勇敢地面对自己的内心，审视自己的弱点，拥抱自己的不完美，我们才能找到真正适合自己的方式。如果你已经下定决心开始一段新的健康之旅，比如，计划开始规律地运动，改善饮食习惯，或者调整生活方式以追求更健康的身心，那么就应该坚定不移地迈出第一步。

寻找更好的自己不仅是一个目标，更是一个享受的过程。运动不仅能带来健康的体魄，更是一种乐趣，它能够释放压力，激发活力，让我们的生活更加丰富多彩。在这个过程中，相信自己的能力至关重要。自信是前进的动力。

当你回望过去，你会感谢那个勇敢的自己，那个敢于面对内心恐惧、敢于迈出改变第一步的自己。你会发现所有的汗水和努力都换来了无价的健康和快乐。所以，请勇敢地去做吧，迎接那个更好的自己，就像《热辣滚烫》中的乐莹一样。

附录 Q&A

Q：小基数减肥有没有健康有效的办法?

A：大基数和小基数的定义不是根据体重来判断的，关于健康的数据来源是多样化的。BMI早已经不是评判健康与否的唯一准则了。即使体重属于中小基数，只要脂肪比例超标，就应该合理控制脂肪比例，而不是控制体重。无论是60千克的人，还是70千克的人，关于减肥的健康有效的方法都没什么区别。这个过程中的原则性，即训练原则性、饮食原则性和健康生活原则性都是一样的。小基数的人可能做起来负担会小一点，也不容易焦虑。因为基数小的人心态上还是认为自己不胖，只是也需要调整身体。

Q：纯素食是否有益健康?

A：素食主义存在两种主要形式。一是普通的素食主义，背后往往有精神和信仰层面的考量。当人们长时间遵循严格的纯素食饮食，素食的选择和烹饪方式又不那么健康，未能均衡摄取必要的营养素，仅仅为了避免消费动物性食品，就可能对身体健康产生负面影响。从长远的健康角度出发，建议采用以植物为基底的饮食模式，这更利于营养的全面摄入。所谓植物基底的饮食，强调的是食用未经过多加工的原始植物形态，如谷物、全麦、自然生长的大米、根茎类蔬菜等。此外，富含植物蛋白的食物，如豆类，也属于此类饮食的一部分。这种饮食方式倡导完整的食物结构，即尽可能食用接近自然状态的食物，如新鲜西蓝花、蓝莓，甚至是不加糖的纯果酱。这样不仅有助于保持健康，还能避免加工食品中化学添加剂带来的潜在风险。

Q：每天仅进食一餐，这是否可取？

A：这种方法对大多数人而言并不健康。即使可以坚持，但仍然不可取，因为它很难实现。此外，如果你无法保持其他方面的健康习惯，比如，不熬夜、抽烟和喝酒，那么这种方法对你来说就更不合适了。不吃早餐对身体不好，因为早晨是人们对能量需求最旺盛的时候。如果你在这个时候不感到饥饿，那么可能是因为前一天晚上吃得太晚或太多。晚饭吃得过多会导致恶性循环。

Q：据说练出一身肌肉，基础代谢变得很高，就可以吃得比较随意，也很难再胖起来了。这是真的吗？

A：不是真的。身体会发生变化，肌肉增长是通过锻炼实现的。如果你随意进食，脂肪也会增加。所以不能随意进食，必须遵循既定的饮食计划，可以适度提高热量摄入，但这仍需符合当前身体的代谢标准。体重频繁波动对身体有较大的负面影响，若是不断经历减肥再复胖的循环，不如保持现状。只要健康指标未受显著影响，维持良好状态即可。

Q：晚餐必须睡前 4 个小时之前吃吗？

A：关于晚餐时间，越早进食越好，最好在睡眠前 4 小时以上，以减少消化代谢的压力。过饱或过晚进食均可能影响睡眠质量。若睡前感到饥饿，最好不要进食。饥饿可能是由于晚餐量不足或营养素过于单一所致，或是晚餐后运动量过大引起。建议晚间进行伸展性运动，如慢速核心控制练习和呼吸调整，有助于安静心神并促进身体舒展，加强身体循环。

Q：怎么可以让腹肌更明显？

A：腹肌和马甲线的形成，除先天因素外，后天的肌肉形态也起重要作用。遗传因素不仅涉及肌肉形态，还包括从小形成的身体习惯，如坐立行走等基本姿势及运动模式，这些并非直接由血液细胞遗传，而是自幼形成的基因。但后天训练可以改变，体脂率较低且肌肉较饱满的人容易显现出腹肌轮廓。

Q：跑步导致膝盖受伤怎么办？

A：任何活动都有可能导致伤害。我们需要分析具体情况，不能简单归咎于运动本身。例如，跑步本无问题，但如果跑步姿势不正确，则可能造成膝盖损伤。同理，腹部训练本身不会导致腰部受伤，如果训练方法不当，可能引发腰部问题。因此，规范的动作模式至关重要。我们需要规范动作和发力模式，并了解自身的身体状况。如果在跑步时远端带动近端，髋关节摆动受限，那么膝盖的压力会增大。如果股骨存在内旋或膝盖内扣的问题，半月板外侧角可能在跑步时受到磨损。你需要先解决所有运动模式问题，打好正确的动态姿势基础，并找出错误发生的客观原因，优先解决身体功能问题。随后，在正确模式的指导下进行训练。

Q：不爱运动的人如何去运动？

A：许多人对运动并无特别喜好。医生建议他们为了健康而运动，于是他们不得不运动。首先，形式上要多样化，而非单纯的举重或跑步，多样化的运动更具吸引力。与朋友相处融洽，进行团体运动，培养良好的运动兴趣至关重要，否则难以持之以恒。对于运动，即使不喜欢也能理性分析其益处并坚持下去，那就去运动。如果缺乏毅力，就需要培养兴趣，从兴趣出发。

Q：减肥过程中，不吃碳水行吗？

A：首先，碳水化合物的摄入与大脑功能紧密相关。由于大脑主要依赖糖原作为能量来源，长期限制碳水化合物导致摄入不足可能使认知功能下降、反应迟缓和情绪波动。因此，对从事脑力劳动的人群而言，完全不吃碳水化合物可能对工作表现产生不利影响。其次，对于正在运动的人群，碳水化合物是糖原储备的重要来源，无论是长时间的耐力运动，还是短时间的爆发力运动，都离不开身体的糖原储备，这是身体运动供能系统决定的。因此，为了更有效地减脂，建议合理适当进食碳水化合物。我们常吃的碳水化合物来源，如天然谷物，其中也富含许多蛋白质和氨基酸等营养素，这也是运动后身体修复过程中不可或缺的营养。

Q：空腹有氧可取吗？

A：关于空腹进行有氧运动，我们需要理性看待。它主要是在空腹状态下进行一些低强度有氧运动，以促进脂肪在运动过程中更多参与供能转化，如果你的身体可以适应，并且此种方式一直对你有着积极作用，那就可以去做。但是对于那些实行间歇性禁食（16+8饮食或轻断食模式）的人群，此类人群在晚上可能经历较长时间的禁食，因此在早晨进行有氧运动前应适当补充能量和水分。若未习惯空腹运动，建议携带含糖食物或运动饮料以防低血糖发作。对于未能保证充足睡眠的人群，也不建议进行空腹有氧运动，因为身体未休息好时激素可能处于紊乱状态，可能导致运动过程中出现低血糖等不适症状。

Q：社交媒体上是不是有很多畸形审美？有没有绝对正确的体态？

A：理想的姿势是相对而非绝对的。长时间保持同一姿态易造成肌肉疲劳，故变换姿势以缓解局部紧张是推荐的做法，从康复学的角度来说，下一个姿势就是最正确的。至于公众人物的形象呈现，往往会被大众推崇并追求那种美，但我们需考虑到摄影时的瞬间效果及造型需求，以及拍摄角度，那并非日常生活状态的反映。体态方面，过度使用电子产品导致的头部前倾可能引发颈部和肩部问题。建议将头部保持在脊柱正上方，以减轻肌肉负担，维持良好体态。

Q：体态问题怎么解决？如果有膝盖内扣的问题，怎么办？

A：膝关节内扣现象是体态及骨关节问题的一种表现，涉及肌肉张力失衡，亦是健康隐患之一。长期存在此问题，将导致关节过度磨损，并影响正常的力学线路。膝盖内扣不仅局限于单一关节问题，它可能是由于髋周边肌肉、大腿内外侧肌肉张力、足弓塌陷等问题引起的，时间长了还可能引发髋关节和踝关节的连锁反应，其他关节为了维持身体机能，可能在日常站姿或行走中产生代偿压力，压力代偿现象又可能导致髋关节和腰椎出现问题。所以需要先进行动作和力量评估，找准问题所在再进行康复训练，以恢复肌肉正常力量功能。如果是生理功能问题那就做正常的康复纠正训练即可解决，但还有的人膝关节内扣仅仅由动作模式习惯引起，这部分人则要更多地关注自己日常姿势，并建议增加相应的身体活动。

Q：艺人的减肥方法，普通人可以学习吗？

A：艺人有表演角色的需求，很多强度和目标都会高于减肥本身。每个人还是要根据自己实际的需求做出个性化的选择。

（全书完）

健康减脂

作者 _ 刘佳

产品经理 _ 李颖　　装帧设计 _ 肖雯　　技术编辑 _ 丁占旭
执行印制 _ 刘淼　　策划人 _ 曹俊然

果麦
www.guomai.cn

以 微 小 的 力 量 推 动 文 明

图书在版编目（CIP）数据

健康减脂 / 刘佳著. —— 昆明 : 云南科技出版社,
2024. —— ISBN 978-7-5587-5934-5

Ⅰ. TS974.14

中国国家版本馆CIP数据核字第2024Q3X906号

健康减脂
JIANKANG JIANZHI

刘佳 著

出 版 人：温　翔
责任编辑：刘浩君
装帧设计：肖　雯
责任校对：秦永红
责任印制：蒋丽芬

书　　号：ISBN 978-7-5587-5934-5
印　　刷：北京盛通印刷股份有限公司
开　　本：880mm×1230mm　1/32
印　　张：6
字　　数：118千字
版　　次：2024年10月第1版
印　　次：2024年10月第1次印刷
定　　价：55.00元

出版发行：云南科技出版社
地　　址：昆明市环城西路609号
电　　话：0871-64114090

版权所有　侵权必究